清华大学能源环境经济研究所
INSTITUTE of ENERGY, ENVIRONMENT and ECONOMY
TSINGHUA UNIVERSITY

本书承蒙国家自然科学基金项目
（72174103、71774095）等课题经费支持出版

# 中国碳中和愿景下
# 交通部门能源碳排放研究
## ——方法、模型和应用

ENERGY USE AND CO₂ EMISSIONS IN THE TRANSPORTATION
SECTOR UNDER CHINA'S CARBON NEUTRAL VISION IN FUTURE
—METHOD, MODEL AND APPLICATION

欧训民　袁志逸　欧阳丹华　等◎著

经济管理出版社
ECONOMY & MANAGEMENT PUBLISHING HOUSE

**图书在版编目（CIP）数据**

中国碳中和愿景下交通部门能源碳排放研究：方法、模型和应用/欧训民等著 . —北京：经济管理出版社，2022.4

ISBN 978 – 7 – 5096 – 8377 – 4

Ⅰ.①中…　Ⅱ.①欧…　Ⅲ.①交通运输—二氧化碳—排气—研究—中国　Ⅳ.①X511

中国版本图书馆 CIP 数据核字（2022）第 056019 号

组稿编辑：郭丽娟
责任编辑：赵亚荣
责任印制：黄章平
责任校对：董杉珊

出版发行：经济管理出版社
　　　　　（北京市海淀区北蜂窝 8 号中雅大厦 A 座 11 层　100038）
网　　　址：www. E – mp. com. cn
电　　　话：（010）51915602
印　　　刷：唐山玺诚印务有限公司
经　　　销：新华书店
开　　　本：720mm × 1000mm/16
印　　　张：14
字　　　数：251 千字
版　　　次：2022 年 5 月第 1 版　　2022 年 5 月第 1 次印刷
书　　　号：ISBN 978 – 7 – 5096 – 8377 – 4
定　　　价：88.00 元

# 前　言

最近几年，中国交通部门能耗占终端能源消费量的 15% 左右，相应的二氧化碳排放量超过 10 亿吨。交通部门能耗和碳排放快速增加，对中国能否实现双碳目标产生重要影响。

探索相关方法和模型，识别中国交通部门能源和碳排放驱动因素，评价电动汽车、高铁、先进飞机和氢能交通工具等低碳技术发展趋势并提出碳中和愿景下的低碳交通长期发展路径，具有重要的理论和现实意义。

过去几年，我们围绕中国交通部门能源和碳排放开展了多维度、综合性的研究，从方法、模型和案例等方面探讨了低碳交通发展的技术支撑、产业趋势和政策动向，为消费者、企业和政府提供决策参考。

本书是对我们过去相关研究成果的进一步总结和提升，构建起包含交通服务需求、交通运输结构和低碳交通技术等分析模块的中国交通能源碳排放分析模型，重点分析了未来电动汽车用户的总拥有成本变化、中国高铁发展对民航运输的影响和中国民航运输近零排放路径这三个专题，并综合道路运输、铁路运输、民航运输和水路运输的系统分析，提出了中国交通部门实现 2060 年近零排放的发展路径。

本书作者团队成员包括欧训民、袁志逸、欧阳丹华、任磊、彭天铎和张茜。全书研究工作由欧训民、袁志逸和欧阳丹华合作完成，任磊、彭天铎和张茜参与了部分模型开发、文献调研及数据整理和分析工作。第一章由欧训民、袁志逸、欧阳丹华执笔；第二章由袁志逸、欧训民、欧阳丹华执笔；第三章由欧阳丹华、袁志逸、欧训民执笔；第四、第五、第六章由袁志逸、欧训民、任磊执笔；第七章由袁志逸、欧阳丹华、欧训民、任磊执笔。全书由欧训民、袁志逸、欧阳丹华负责统稿。清华大学能源环境经济研究所的老师、同学在本书研究和写作过程中提供了诸多建议和支持。经济管理出版社郭丽娟编辑为本书的出版做了大量细致的工作。在此一并表示感谢。

相关研究同时得到了国家自然科学基金项目（72174103、71774095）、清华大学教育基金会、清华大学现代管理研究中心、清华—力拓资源能源与可持续发展研究中心、清华大学—张家港氢能与先进锂电技术联合研究中心、清华大学产业发展与环境治理研究中心（CIDEG）2020 年度重大课题《中国氢能发展战略研究》和 2021 年度、2022 年度国家高端智库多个交通主题课题的经费支持。

　　本书在编写过程中力求科学、严谨，但由于作者水平所限，书中难免出现不足之处，敬请各位专家和读者给予批评指正。

全体作者
2022 年 4 月于清华园

# 摘　要

交通运输是社会经济发展的重要组成部分，同时交通部门在我国能源消耗和温室气体排放中都占有较大比重。2019 年，中国交通部门能耗占全国终端能源消耗量的 16.2%，未来交通部门能耗和碳排放仍将随着我国经济持续发展而快速增加。因此，为实现碳中和近零排放目标，交通部门亟待实现低碳发展转型。

本书构建了包含服务需求、运输结构和低碳发展路径等分析模块的中国交通能源碳排放分析模型（CTEGM），分析了中国电动汽车用户的总拥有成本情况，中国四纵四横线路开始建设至基本建成这一时间段内高铁对民航运输水平的影响，在高铁对民航运输替代效应的基础上采用机队视角分析了民航运输实现近零排放的最优路径，并在上述三部分研究内容的基础上，进一步结合道路运输、铁路运输和水路运输的情况，提出中国交通部门实现 2060 年近零排放的推进路径。

本书的主要研究发现如下：①在 5 年持有期情景下，纯电动汽车（BEV）微小型车（A00 级及 A0 级别）总拥有成本（TCO）在 2025 年前达到平价，2030 年前 A 级和 B 级运动型多用途汽车（SUV）可以达到平价和近似平价，油价、电价和折现率等参数对 BEV 平价时间具有影响，其中油价对平价时间的影响最大，购置税减免和限购政策对 BEV 的平价时间产生了积极的作用。②高铁对民航运输有明显替代作用。从整体来看，高铁的引入将使民航客运航班数量和运输人数分别减少 28.7% 和 31.8%。高铁运行时间在 4 小时范围内其竞争力最强，可对竞争的民航线路造成毁灭性打击，民航客运航班数量和运输人数因此分别减少了 74.2% 和 82.5%。连接中西部和东西部的高铁影响低于全国平均水平。③综合运用翻新技术、运行管理技术、替代燃料技术和自身能效进步技术时民航低碳发展路径最优。民航运输实现近零排放目标的成本相对仅采用生物质燃料的情况减少 10.9%。颠覆性机身技术将使减排成本进一步下降 10.1%。在氢价持续降低的情况下，从长期来看，氢能飞机会成为一个经济的减排选择。高铁的替代效果会使氢能飞机的吸引力有所减弱。④优化运输结构、综合运用低碳技术将助力交通部门实现近零排放。在碳中和目标情景下，碳排放将在 2029 年前后达到峰值，碳排放峰值约为 11.3 亿吨，2060 年碳排放较之于峰值将下降 95% 左右。

**关键词**：交通部门；低碳发展战略；电动汽车拥有成本；城间运输结构；民航运输 $CO_2$ 减排

# 目　录

# 第一章　绪论

## 第一节　研究背景

### 一、中国交通部门能耗和二氧化碳排放

交通部门是国家经济发展的重要组成部分，改革开放以来，中国交通部门取得了巨大成就，客货运服务量保持高速增长，铁路网络、公路网络、城中客运体系建设取得长足进步。中国城际客运周转量从 2013 年的 2.8 万亿人公里增长至 2019 年的 3.5 万亿人公里，年均增长率为 3.8%。中国货运周转量从 2013 年的 16.8 万亿吨公里增长至 2019 年的 19.7 万亿吨公里，年均增长率为 2.7%。公路网络等交通运输基础设施日益完善，公路总里程从 2013 年的 453.6 万公里增长至 2019 年的 501.3 万公里。未来随着中国社会和经济的发展，交通服务需求仍有较大增长空间。中国交通部门服务需求和基础设施发展情况如图 1-1 所示。

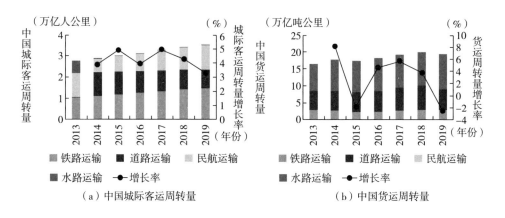

（a）中国城际客运周转量　　　　（b）中国货运周转量

图 1-1　中国交通部门服务需求和基础设施发展情况

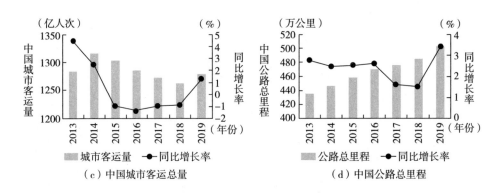

（c）中国城市客运总量          （d）中国公路总里程

图 1-1　中国交通部门服务需求和基础设施发展情况（续）

随着交通运输服务需求的逐渐增加，交通部门呈现高能耗和高排放的特点。目前中国交通部门能源消费仍以成品油为主，2019 年成品油消费量占交通部门能源消费量的比例超过 98%，如图 1-2 所示。2013～2019 年中国交通部门能源消费总量年均增长率为 3.5%。过高的成品油消费量将加剧中国石油消费的对外依赖，中国石油对外依存度已经超过 70%，交通部门的成品油消费量占中国进口汽油、柴油和航空煤油的绝大多数，仅道路运输就消耗了中国进口汽油的90% 和进口柴油的 60%。因此，中国交通部门能源消费结构亟待转型，以降低对化石燃料的依赖。

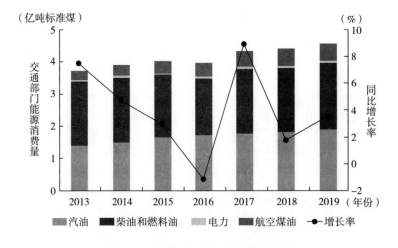

图 1-2　中国交通部门能源消费量及增长率

交通部门能源消费量的不断增加使交通部门二氧化碳（Carbon Dioxide，$CO_2$）排放不断增加，尽管中国已经采取了包括大力推广新能源汽车、推进客货运结构转移等在内的一系列低碳发展政策，但中国交通部门 $CO_2$ 排放仍保持高速增长。2019 年中国交通部门碳排放（本文中二氧化碳排放简称为碳排放，下同）为 10 亿吨，2013 年为 8.2 亿吨，年均增长率为 3.4%。中国交通部门碳排放仍以道路运输为主，如图 1-3 所示。道路运输碳排放在中国交通部门碳排放中占比长期保持在约 80%。交通部门碳排放在全国总碳排放中的占比也逐渐提高，从 2005 年的 7.3% 提高至 2018 年的 9.5%。

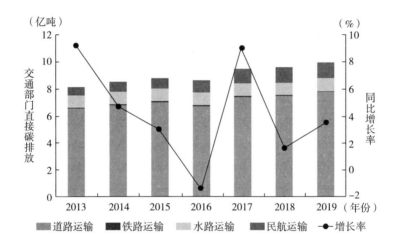

图 1-3 中国交通部门碳排放及增长率

2020 年 9 月 22 日，习近平同志在第 75 届联合国大会一般性辩论上提出，中国将主动承担更大的减排责任，力争实现 2030 年前全社会碳排放达到峰值，2060 年前达成碳中和目标。在此背景下，中国交通部门作为重要碳排放来源，亟须进行低碳转型。当前中国交通部门碳排放在全国碳排放总量中的占比接近10%，而从全球来看，交通部门碳排放的占比为 25% 左右，未来中国交通部门碳排放还有较大的增长空间。由于中国交通部门能源消费结构仍以成品油为主，因此随着交通运输服务需求的进一步提高，若按照当前发展趋势，中国交通部门碳排放仍将长时期保持高速增长，交通部门减碳压力较大，需要尽快制定详细的低碳发展行动方案，助力中国碳排放目标的实现。

与此同时，交通工具的污染物排放不容忽视。汽车、客机、船舶、内燃机列车在运行过程中会排放 PM2.5、氮氧化物等污染物，对人体健康造成不利影响。

中国部分城市和地区出现了沙尘暴等极端天气,使污染物排放逐渐受到关注。在北京、上海、成都等汽车拥有率较高的城市,交通运输是污染物排放的最主要来源。一氧化碳和碳氢化合物等污染物的排放来源中,交通工具的占比超过90%。

## 二、中国电动汽车产业发展与激励政策

自2001年初启动"863"计划以来,我国新能源汽车市场进入了一个高速发展的新时代。2010年,新能源汽车销量仅为8159辆,2016年中国新能源汽车保有量超过100万辆。根据中国汽车工业协会公布的数据,尽管新能源汽车2020年产销受到疫情和经济环境影响,但整体发展趋势良好并呈现先低后高的发展态势,产销量分别为136.6万辆和136.7万辆,占全年汽车总销量的5.4%。其中超过80%的产销量来自BEV,插电式混合动力汽车(PHEV)约占整体市场的18%,如图1-4所示。新能源汽车2020年达到500万保有量的目标已基本完成,截至2020年底,新能源汽车保有量达到492万辆,预计2025年保有量可达2500万辆,销量占总新车销量的15%~25%。《节能与新能源汽车技术路线图2.0》提出,2030年新能源汽车保有量将超过8000万辆,2035年达到1.6亿辆,当年销量达到2300万辆。

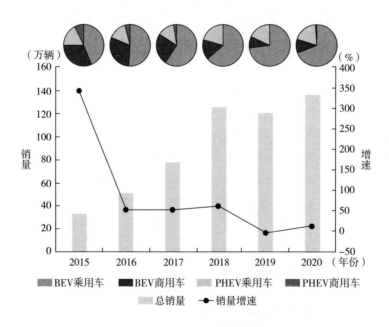

图1-4 2015~2020年中国电动汽车销量构成及增速

自 2005 年以来，为大力推动电动汽车市场的发展，中国政府逐步推出了大量的激励政策，包括补贴、免税、免费停车、收费优惠、免费牌照等，如图1-5所示。在各类激励政策的促进下，我国新能源汽车市场蓬勃发展。

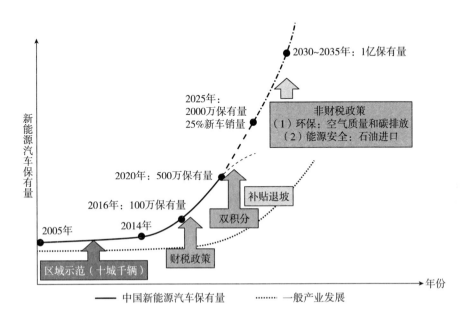

**图 1-5 中国新能源汽车政策及产业发展趋势**

资料来源：笔者制作。

### 1. 货币政策

我国新能源汽车财政补贴政策包含购置补贴、使用补贴等。其中，国家层面的购置补贴政策于 2013 年首次推出，可覆盖一半左右的购买成本。该政策对市场有极大的促进作用，推动并保障了我国新能源汽车市场的发展。然而，巨额补贴也造成了较大的财政压力。根据财政部公布的数据，截至 2018 年底，新能源汽车补贴总额已达 436 亿元。为进一步推动电动汽车技术发展，并缓解财政补贴压力，政府逐步提高了相关车企补贴发放的技术门槛，并制订了新能源汽车补贴退坡计划。

新能源汽车补贴退坡预计将对电动汽车市场产生重大影响。2019 年 3 月，四部委联合发布了《关于进一步完善新能源汽车推广应用财政补贴政策的通知》，提出将于 2019 年 6 月 25 日之后大幅调整 BEV、PHEV 的补贴金额，其中 2019 年 3 月 26 日至 6 月 25 日为过渡期。补贴退坡对市场的影响较为显著，2019 年 7 月后新能源汽车的产销量同比均有大幅下降，且首次出现了全年产销量同比下降的现象。考虑到 2020 年全球新冠肺炎疫情以及经济形势对汽车产业的打击较大，2020 年 3 月 31 日国务院常务会议明确将新能源汽车购置补贴和免征购置税政策延长 2 年。《财政部关于完善新能源汽车推广应用财政补贴政策的通知》明确，2020 ~ 2022 年的补贴标准分别在上一年的基础上退坡 10%、20% 和 30%。

2. 非货币政策

非货币政策主要包含小轿车限购政策以及双积分政策。双积分政策于 2017 年 9 月出台，2018 年 4 月开始实施。该政策结合了乘用车平均燃油消耗量标准和加州零排放汽车政策的特点，要求车企不仅需要达到平均油耗的要求，同时还要生产足够量的新能源汽车，获得足够的新能源汽车积分值，以免受到监管部门的处罚。不同燃料类型的机动车有不同的新能源汽车积分值，新能源汽车积分值总量等于总产量乘以要求的新能源汽车比例，2021 ~ 2023 年这一比例分别为 14%、16% 和 18%。当前双积分政策仍处于试行阶段，具体设定较为宽松，政策对市场的激励作用较小。政府部门也在逐步修改积分政策，增强其对新能源汽车市场的激励作用。积分政策最新修订版本于 2020 年 6 月发布，主要对积分计算方法、传统能源乘用车和低油耗乘用车定义以及技术要求等部分进行了修正。

小轿车限购政策旨在解决我国部分城市的交通拥堵和空气污染问题，当前全国共有 8 个经济较为发达的省、市实施了该项政策，以控制城市私家车总拥有量，具体省、市名称以及牌照发放的相关规定如表 1-1 所示。

表 1-1 我国多个限购城市新能源汽车牌照发放规定

| 省、市 | 限购时间 | 牌照发放方式 | 相关政策 | 2019 年牌照平均成交价格（元） |
|---|---|---|---|---|
| 北京 | 2010 年 12 月 23 日 | 摇号 | 排队获取 | — |
| 上海 | 1994 年 | 拍卖 | 免摇号 | 89633 |
| 广州 | 2012 年 6 月 30 日 | 摇号 + 竞价 | 免摇号 | 42846 |
| 天津 | 2013 年 12 月 16 日 | 摇号 + 竞价 | 免摇号 | 26031 |
| 深圳 | 2014 年 12 月 29 日 | 摇号 + 竞价 | 免摇号 | 69873 |
| 杭州 | 2014 年 3 月 26 日 | 摇号 + 竞价 | 免摇号 | 46458 |
| 海南 | 2018 年 5 月 16 日 | 摇号 + 竞价 | 不限定指标 | — |
| 贵阳 | 2011 年 7 月 12 日 | 专段号牌摇号 | 不限定指标 | — |

以上省、市每年只发放一定数量的车辆牌照，发放总额和牌照分配方式由当地政府决定。地方政府通常使用三种分配方式来分配小轿车牌照：摇号、拍卖或

混合方法,典型城市分别为北京、上海和广州。

而新能源汽车消费者在限购城市中享有优先获得牌照的权利。部分城市为新能源汽车车主提供免费牌照,而另一些城市对新能源汽车消费者提供独立的牌照抽签池,大幅提高了消费者获得牌照的概率,使购买电动汽车成为一个更加有吸引力的选择。

北京从2011年起对小客车数量进行调控,通过摇号的方式分配车辆指标。根据北京市政府的规划,2020年小客车指标的年度配额为10万个,其中私家车指标额度3.82万个,较2019年增加200个,而2020年共有超过400万人申请小轿车牌照。北京市新能源小客车牌照采用排队的分配方法,2020年个人普通指标配额6万个,全年申请人数在48万人左右,EV车主牌照中签率远高于内燃机汽车(ICEV)车主。上海市采用拍卖的方式分配ICEV牌照,2019年全年平均成交价格在9万元左右,平均单月牌照额度为1万个左右,每期中标率在5% ~ 8%。广州市采用了摇号与拍卖相结合的方法,分别匹配了相应的牌照池,每年以摇号方式配置的普通车增量指标为6万个,以竞价方式配置的普通车增量指标为4.8万个,ICEV号牌平均成交价格在1万 ~ 5万元。除北京外,其他限购城市对EV并没有总量限制,车主可以免费获得牌照。当前为促进汽车消费,各限购城市政府在2020年第一季度陆续出台了相关政策,扩大小轿车牌照池。例如,杭州市宣布2020年将一次性增加2万个小客车指标,上海市也在逐步出台相关政策,放宽小轿车限购政策,增加牌照指标。上海市发展改革委表示,将在原有年度计划基础上新增4万个非营业性客车牌照额度投放数量。

限购政策的实施对我国电动汽车市场的发展起到了重要的作用。但在限购政策的激励下,早期电动汽车市场向限购城市倾斜,导致非限购城市消费潜力没有完全被开发。2015年,除石家庄以外(石家庄市仅限制家庭第三辆车的购买),其余限购城市电动汽车销量占全国总销量的58%,2016年和2017年的占比分别为65%和49.3%。然而,2017年和2018年非限购城市的机动车总销量分别占全国总销量的89%和87%。未来,限购城市市场新车销量增速逐步放缓,非限购城市的电动汽车市场仍然具有较大的潜力。伴随着补贴政策的退坡以及限购政策的逐渐放开,分析影响消费者电动汽车购买行为的因素,了解消费者痛点,找出不同细分市场之间的差异,有利于进一步推动中国EV市场的健康有序发展。

### 三、民航运输深度脱碳

随着中国经济的快速增长,民航客货运需求快速增加。2013 ~ 2019年,民航客运周转量从 5656.8 亿人公里增长至 11705.3 亿人公里，年均增长率为 12.9%。同期交通运输客运周转量的年均增速为 5.6%。国内民航客运航班数量从 2013 年的 278.0 万次增长至 2019 年的 461.1 万次，年均增长率为 8.8%，如图 1-6 所示。《新时代民航强国建设行动纲要》提出，2035 年实现每年人均航空出行次数超过 1 次，民航客运周转量占比超过中国客运周转量的 1/3。2019 年，中国人均航空出行次数为 0.5 次，航空出行水平仅分别为同期美国和欧洲的 1/7 和 1/5。因此，在较长一段时间内，中国民航运输客运和货运需求都将保持高速增长。

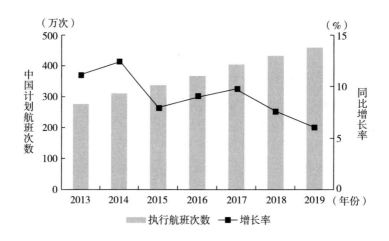

图 1-6　中国民航运输计划航班次数及增长率

　　民航客运服务需求的快速增长导致其能源消费量和直接碳排放量迅速增加。民航运输已经成为中国交通部门中能源消费量和碳排放增长最快的子部门。交通部门能源消费总量中，民航运输的占比从 2013 年的 7.8% 增长至 2019 年的 11.9%。民航运输碳排放在中国交通部门碳排放中的占比从 2013 年的 7.7% 增长至 2019 年的 11.6%。

　　各国已经陆续出台了诸多政策措施推动民航运输减碳。2009 年，中国民用航空局提出，在 2020 年前实现单位收入吨公里能耗和碳排放比 2005 年下降 22%。"十三五"规划提出建设绿色可持续、高效节能的民航运输体系。国际民航组织（International Civil Aviation Organization, ICAO）计划组织协商会议，重点关注飞行运行、地面运行、替代能源、机身技术、驱动技术、即用型燃料等方面的新兴减碳技术，设计国际民航运输发展路径，协助成员国实现其减碳行动计划。大多数成员国均已颁布了民航运输的节能减碳行动方案。2021年，ICAO推出国际航空碳抵减机制，为国际民航运输中的碳减排提供了一套完整运行机制，参与该机制的航司须通过购买排放单位或采用替代燃料等方式抵消2019年以来超出基准线的碳排放。生物质燃料是目前民航运输最可行的减碳措施。2001年至今，生物质航煤在全球超过24万次航班中推广应用。2011年，欧盟首次将生物质燃料应用到阿姆斯特丹至巴黎航线中，目前生物质燃料在欧洲推广速度逐渐加快，在欧洲民航运输能源消费量中的占比达4%。从全生命周期来看，生物质燃料较之于传统航空煤油可减排80%，且生物质燃料有即用性优势，无须改变机身结构，但目前生物质燃料成本过高，推广速度仍然较慢。

尽管各国正积极采取措施促进民航运输低碳发展，民航运输仍是交通部门中脱碳难度最大的运输方式之一，主要原因有：①客机须优先考虑飞行安全，航司不愿意承担采取某些节能减排措施带来的额外安全风险。例如，地面滑行阶段采用单引擎滑行能有效降低起飞阶段能耗，但单引擎滑行可能过度损耗单侧引擎并降低其使用寿命，同时单引擎滑行可能会导致平衡性等风险。尽管该技术节能效果明显，但仍无法大面积推广。②民航运输缺少稳定可靠的替代燃料技术。③民航运输节能减碳措施应用成本较高，缺乏统一的规划方案。

**四、高速铁路对民航运输的影响**

2003年，秦皇岛至沈阳的客运专线开通，标志着中国城际铁路客运进入高铁时代。2008年，《中长期铁路网规划（2008年调整）》首次提出，中国将建设成体系的高速铁路网络并形成四纵四横格局，连接各省会城市和经济较发达城市，四纵客运专线包括京哈客运专线、京沪线、京广线和东南沿海客运专线，四横线路包括青太客运专线、沪汉蓉客运专线、沪昆线和徐兰客运专线。2016年，《中长期铁路网规划（2030）》在四纵四横线路网络基础上，提出中国将建设八纵八横高铁通道，旨在构建起近邻大中型城市4小时内通达的城市群和交通圈，形成网络效应，促进城市联动和合作共赢。八纵通道包括沿海通道、京沪通道、京港（台）通道、京哈—京港澳通道、呼南通道、京昆通道、包（银）海通道和兰（西）广通道，八横通道包括绥满通道、京兰通道、青银通道、陆桥通道、沿江通道、沪昆通道、厦渝通道和广昆通道。2020年，《新时代交通强国铁路先行规划纲要》提出，2035年实现50万人口以上城市高铁全面通达。

在政策激励下，中国高铁已经成为交通部门城际客运中的重要组成部分。2019年，中国高铁营业里程达到35388公里，比2013年提高2.2倍，高铁客运周转量为 7746.7 亿人公里，比 2013 年提高 2.6 倍，如图 1 - 7 所示。高铁客运周转量在铁路客运周转量中占比持续提高。

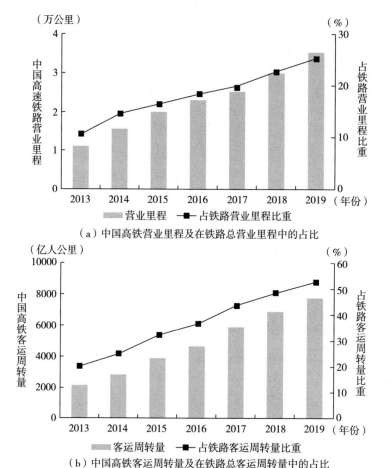

（a）中国高铁营业里程及在铁路总营业里程中的占比

（b）中国高铁客运周转量及在铁路总客运周转量中的占比

**图 1 - 7 中国高速铁路营业里程和客运周转量**

　　高速铁路已经覆盖了较多经济发达城市且形成了网络体系，所覆盖的大中型城市间构成的航线一般运量较大，因此在城际客运交通运输市场中，高铁与民航存在明显的竞争和相互替代关系。国内外已开通的高铁线路对沿线民航线路运量造成影响，部分民航线路因高铁开通而关停。以往研究测算分析的部分高铁线路引入与民航竞争后的市场占比情况如表 1 - 2 所示。日本新干线开通后，日本航司逐渐退出了东京至大阪等运输市场，仅保留少部分航班。中国高铁开通后对短距离航线打击较大，部分航线出现关停。2017 年，中国四纵四横线路已基本建设完成，八纵八横线路建设全面展开。随着高铁网络覆盖面的扩大，高速铁路将会对更多航线市场产生影响。

表 1 – 2    高铁引入后部分航线的市场占有率情况

| 航线 | 高铁线路 | 高铁运量占比（%） | 民航运量占比（%） |
|---|---|---|---|
| 东京—大阪 | 东海道新干线 | 82 | 18 |
| 东京—冈山 | 东海道、山阳新干线 | 67 | 33 |
| 东京—广岛 | 东海道、山阳新干线 | 58 | 42 |
| 上海—徐州 | 京沪线 | 100 | 0 |
| 成都—重庆 | 成渝客运专线 | 100 | 0 |
| 郑州—西安 | 郑西高铁 | 100 | 0 |
| 巴黎—尼斯 | TGV 巴黎至尼斯线 | 13 | 87 |
| 马德里—巴塞罗那 | 马德里—巴塞罗那线 | 36 | 64 |

对 600 公里以内的航线，高铁对民航客运的替代效应显著。郑州至西安线、南京至武汉线、成都至重庆线在高铁线路开通前均保持每天一班的飞行频次，在高铁开通后 6 个月内三条航线均完全停飞。距离在 900 公里范围内的航线也受到高铁影响，如广州至武汉线高铁开通前后的运量分别是每月 12 万名乘客和 6 万名乘客。

城际客运需求向高铁转移将有助于实现民航运输低碳发展。在城际运输中，高铁较之于营运性客车和民航客机更节能，高铁、营运性客车和民航客机单位人公里运输服务的能耗比例约为 1∶5∶6。高铁运行阶段没有直接排放，高铁对民航运输服务需求的替代将减轻民航运输自身的减排压力。

# 第二节    研究问题

在上述研究背景下，本书提出以下四个逐步宏观的研究问题：

第一，尽管当前我国电动汽车市场发展迅猛，在其推广过程中存在补贴退坡所带来的电动汽车经济性问题。总拥有成本通常是指消费者在一定时间内拥有某种物品所需付出的总成本，电动汽车的总拥有成本研究至关重要。我国电动汽车消费者总拥有成本近期、中期和远期到底如何？

第二，四纵四横高铁线路网络已经基本建成，从四纵四横线路已经覆盖到的航线来看，中国高铁线路对民航运输服务需求的替代比例是多大？各运输时间和运输距离下高铁的替代效应如何变化？未来八纵八横通道建成和 50 万人口城市高铁通达后民航运输将受到多大影响？

第三，作为交通部门中最难脱碳的运输方式，中国民航运输有哪些可用的低碳技术选择？在当前高铁规划有序推进的背景下，民航运输应该如何设计实现 2060 年近零排放的最优的低碳发展路径？最优发展路径下，关键低碳技术应在关键年份达到何种发展规模？

第四，为助力实现 2060 年碳中和目标，中国交通部门应当采取哪些措施？

# 第三节　相关研究综述

## 一、EV 用户总拥有成本分析

Ellram（1995）将总拥有成本（Total Cost of Ownership，TCO）定义为一种购买工具和理念，其目的是了解从特定供应商处购买某种特定商品或服务的真实成本。总拥有成本分析方法被广泛地应用于电动汽车领域，以比较不同燃料类型汽车的经济性。Lin 等（2013）采用 TCO 模型和情景分析方法，选择了 Kluger HV 这款车型，比较了中国乘用车市场 ICEV 和混合动力汽车（Hybrid Electric Vehicle，HEV）的 TCO，评价了 HEV 在中国的市场前景。结果发现，该款 HEV 和相似 ICEV 车型成本相近，而随着石油价格的上涨，HEV 的节能优势将部分弥补其额外的电机/电池组件相关的高制造成本。Baha M. Al‐Alawi 和 Thomas H. Bradley（2013）研究比较了四种不同车型 PHEV 的 TCO，并进行了敏感性分析，发现 TCO 和投资回收期对增量成本（电池成本等）、汽油价格和年行驶里程较为敏感。Lambros K. Mitropoulos 等（2016）开发了一种方法，将间接成本（包括排放成本）以及时间成本包含在了 TCO 模型当中，研究分析比较了 ICEV、HEV 以及 EV 的总拥有成本，发现电动汽车外部性的低成本被高购车成本所抵消。Hanna L. Breetza 和 Deborah Salon（2018）对美国 14 个城市的 ICEV、HEV 和 EV 的 TCO 进行了对比分析，结果显示，由于州和地方政策、燃料价格、保险和维护成本、折旧率和车辆行驶里程的不同，不同城市的车辆 TCO 有所不同，BEV 较高的购置成本和较低的残值抵消了其节省的燃料成本，因此在无补贴情况下，BEV

很难有成本竞争力。除分析当前 EV 的 TCO 以外，一些研究者和研究机构也对电动汽车 TCO 及其同 ICEV 的平价时间进行了预测。

一部分研究者在对 EV 进行 TCO 分析的基础上，利用分析结果对渗透率、激励政策影响等进行了研究。Hagman（2016）采用 TCO 模型分析了瑞典乘用车市场消费者持有典型 ICEV、HEV 和 EV 的 TCO，结果发现，消费者对 TCO 的认知程度可能会影响电动汽车的市场渗透率。Lévay、Drossinos 和 Thiel（2017）研究了不同国家财税补贴政策对电动汽车总拥有成本的影响，结果发现，在补贴的作用下，挪威 EV 的 TCO 最低，荷兰、法国和英国的电动汽车 TCO 接近 ICEV，在其他国家或地区，电动汽车的 TCO 超过了 ICEV。Kate Palmer 等（2018）分析了 1997~2015 年 ICEV、HEV、PHEV 和 BEV 在英国、美国（以加州和得克萨斯州为例）和日本的 TCO 评估，并利用面板回归模型分析了 HEV 总拥有成本与市场份额之间的关系。结果发现，在英国及美国的加州和得克萨斯州，财政补贴使 BEV 的成本达到了平价，但对于没有得到那么多财政支持的 PHEV 来说，情况并非如此，同时发现 HEV 的 TCO 和其市场占有率有密切的关系。

综上所述，电动汽车 TCO 方法主要用于分析预测 EV 与 ICEV 的可竞争性，或者用于研究渗透率和激励政策的影响。研究者发现，尽管 EV 的购置成本较高，但其低使用成本可以带来价格竞争优势。目前所构建的 TCO 模型大多包含购置成本、税费、残值和燃料成本、维修成本、保险等，部分研究者增加了对非货币成本的研究。当前有关电动汽车消费者 TCO 的研究还存在以下几个问题：①模型较为单一，不同研究者的基础模型大同小异。国内外模型大部分为货币成本计算，而忽略了非货币成本的影响和消费者行为差异所带来的成本结果差异。②研究集中于对当前 TCO 现状的研究，对未来 EV 的 TCO 的预测研究较少。③所使用的模型参数较为老旧，所使用的车型基本仅考虑了市场上的某一款或几款车型，无法体现不同车型的 TCO 差异，导致模型结果往往具有一定误差。④针对中国电动汽车 TCO 的研究非常有限。

**二、高铁与民航的竞争分析**

随着全球范围内高铁开通数量的增加，高铁对民航运输的影响逐渐受到关注。以往研究采用的方法主要包括离散选择模型、博弈论和实证分析方法三类。研究涉及维度较广，从研究对象上可以分为国家层面、地区层面、高铁线路层面和航线层面等，主要关注的影响指标包括城际客运市场占有率、航线级运输班次、运输人数、可用座公里、可用座位数等。

离散选择模型是指在随机效用理论的基础上，以个人的感知效用最大为前提，对出现城际客运需求时消费者在高铁和其他各出行方式之间的出行选择进行分析。该方法主要从消费者视角出发分析城际客运市场构成情况。以往研究在构建城间客运的离散选择模型时，考虑的城际出行选择包括民航客运、城间营运性客车、私人乘用车、城际铁路、出租车、步行、民航和高铁组合运输模式等。构建出行效用函数时考虑的因素包括车站等待时间、旅途用时、出行成本、出行方式单日频率（便捷性）、出站用时、舒适程度和出行习惯等。离散选择法多结合实地调研获得的陈述性偏好数据对模型参数进行推测和演算。例如，Yonghwa 等（2006）设计陈述偏好问卷对 Logit 模型进行校正，从而预测韩国首尔至大邱的运输市场中各运输方式的占比，研究表明，仅 14% 的消费者会选择航空出行。针对中国的采用离散选择方法的研究多关注某一特定高铁线路或特定区域。例如，Li 等（2016）对京广线沿线消费者在高铁、民航和高铁转乘服务之间的选择进行模拟，研究发现，北京至合肥线高铁的市场占比达到 77.7%，北京至重庆线高铁的市场占比仅为 0.9%，表明高铁在长距离运输中优势不明显。Ren 等（2020）聚焦从重庆市出发的远途旅行市场中消费者的选择情况，研究发现，收入较低的消费者更倾向于传统火车出行，中西部城市消费者更倾向于不选择高铁出行。离散选择方法的优点在于能直观反映消费者的选择和诉求，引入参数可以直接反映消费者对各类属性的重视程度。例如，Roman 等（2007）详细列举了各类出行方式的多种属性，包括到达站点时间、等待时间、旅途时间、出站时间、出行成本、到站成本、疏散成本等，定量分析各类属性对巴塞罗那到马德里城市对间旅客的出行选择的影响，研究结果表明，延误时间是影响消费者出行选择的关键因素。离散选择方法的不足在于可获数据无法保证全面，采用调查问卷的方式无法全面覆盖所有消费者。

部分研究采用博弈理论，引入包含各类交通运输方式的竞争模型分析高铁对民航的影响。各运输方式作为博弈参与方，可以对一些影响自身竞争力的因素进行调整，各方进行博弈并最终达到均衡。影响各运输方式的竞争力的因素包括定价、运输时间、服务质量等。王焯（2019）建立了基于 Hotelling 模型的空铁博弈分析框架，测算在多重因素影响下的高铁和民航的定价策略，研究表明，博弈参与的某一方的成本提高会导致最终均衡时最优定价有所提高。郭春江（2010）以社会效益最大化为目标构建了城际客运市场的博弈分析模型，并应用到郑西线和武广线中分析各运营商的运行策略。基于博弈论的分析模型的优点在于运输市场中各运输选择的属性较为明确，但该方法一般须对竞争进行简化，且城市对、线路级市场的竞争一般不直接受宏观属性影响，因此该方法可能不能反映实际竞争情况。

随着近年来高铁与民航竞争的运输线路的增多和两者实际竞争数据的丰富，采用城市对级别的数据进行回归分析的研究逐渐增多。大量研究对欧洲、美国、日本、韩国、中国等国家和地区的高铁与民航竞争情况进行分析。以往研究所收集的航线级别的运输数据中，用于分析的高铁相关指标包括每天直达频次、高铁运行时间、高铁票价、高铁运行距离等，民航运输相关指标包括航线航班数量、航线运输人数和可用座位数等，选取的控制变量包括国家或地区的生产总值（Gross Domestic Product，GDP）、人口、城市发展水平、互联网连接人数和低成本航空运行情况等，采用方法包括最小二乘法（Ordinary Least Squares，OLS）、固定效应模型、双重差分法（Difference – in – Difference，DID）和基于倾向匹配的双重差分法（a combination of DID estimators and Propensity Score Matching technique，PSM – DID）等。采用真实数据进行回归分析，能直观反映空铁之间的影响和关系。总体来看，高铁对民航运输水平的影响显著为负。例如，Clewlow（2012）收集欧洲 90 条主要线路的截面数据后采用最小二乘法进行分析后发现，高铁对民航运输水平的影响约为 10%，对短距离线路影响尤为显著。Li 等（2016）采用 DID 方法分析高铁引入后对中国民航运量、定价等因素的影响，研究结果表明，尽管高铁影响存在区域性差异，但整体来看高铁使民航线路运输水平下降超过 50%。针对中国高铁线路影响的研究主要聚焦部分高铁线路，且数据时间较早，数据时间集中在 2007 ~ 2013 年。例如，Wan 等（2016）采用 PSM – DID 方法对 1994 ~ 2012 年的航线级数据进行分析，研究认为，高铁在 500 ~ 800 公里区间产生的影响最为显著。Zhang 等（2017）收集 2010 ~ 2013 年开通的高铁线路数据，分析中国三大航空公司在高铁引入压力下的应对策略，研究认为，高铁的引入对航线运量造成的影响极为显著，票价差异对高铁竞争力的影响较为明显。

高铁产生的影响不局限于运输市场，部分研究从运量角度向外拓展，分析了高铁引入产生的多方面影响。例如，Jia 等（2021）分析了高铁引入对城市 $CO_2$ 排放水平的影响，结果表明，高铁引入显著减少了城市 $CO_2$ 排放，每增加 100 列高铁班次将会使 $CO_2$ 排放减少 0.14%。Wang 等（2015）探究了高铁与民航竞争下社会福利的变化。Xiao 等（2017）、Diao 等（2018）、Gao 等（2020）等分析了高铁对地区经济和人口产生的影响。高铁与低成本航空公司竞争更为明显。例如，Su 等（2020）和 Clewlow（2014）等研究分析了高铁引入后与低成本航空的竞争情况，总体来看，低成本航空运输水平受高铁影响会出现下降，消费者福利情况会因高铁引入而提高。

高铁竞争力受运输距离和运输时间影响较大,运输距离增加会削弱高铁对民航运输水平的影响。刘璐(2018)构建了 2007~2014 年的面板数据集,分析不同运输时间、运输距离下高铁引入对民航运输座位数、航班次数的影响,结果表明,运行时间在 2 小时以内的高铁线路影响最为显著,运行时间在 5 小时内、铁路距离在 1350 公里以内是高铁相对民航运输的竞争优势区间。Chen 等(2017)按照高铁运行距离将线路划分为 500 公里以内、500~800 公里和 800 公里以上三类,结果表明,500~800 公里范围内高铁影响最大,开通后航线运输水平平均减少了 34%。Dobruszkes(2011)对西欧高铁线路在不同运输距离下的竞争力进行了分析,研究认为,运行时间在 2~3 小时内的高铁线路产生的影响最为显著。

### 三、民航运输能源消费量和碳排放测算

随着全球范围内民航运输能源消费量和碳排放的快速增长,国内外研究者开发了各类模型方法研究民航运输问题,但对民航运输进行细致刻画的研究仍然比较有限。从研究范围来看,大多数研究关注国际民航的能耗和碳排放,部分研究关注特定国家和区域的能耗和碳排放,也有部分研究将民航运输作为交通部门的某一运输方式进行分析。

民航运输能源消费和碳排放量测算方法分为周转量法和基于距离的测算方法两种,大多数分析民航运输问题的研究主要是基于周转量和能耗因子测算民航运输能源消费量。例如,Andrew 等(2009)使用周转量法预测国际民航运输碳排放将在 2005~2025 年增长 1.1 倍。Pan 等(2018)使用 GCAM 模型(Global Change Assessment Model)分析中国交通部门能源消费量和碳排放,民航运输能源消费量和碳排放以周转量为基础测算。Wang 等(2017)构建了中国交通部门的能源需求和碳排放的分析模型,依据国内和国际、客运周转量和货运周转量测算民航运输能源消费量。使用周转量法测算民航能源消费量和碳排放相对比较粗略,无法实现对民航运输的细致刻画,基于距离的测算方法对各类机型、各航段分别进行测算,因此测算结果更为准确。例如,ICAO 开发了民航运输碳排放测算工具,基于 ICAO 每年收集的燃料类型占比、运输距离和负载率等航线级数据,计算当年航班规划下民航运输的能源消费量和碳排放情况。Loo 等(2012)使用上述两种方法分别测算了 1949 年以来中国民航运输碳排放,结果表明,1992~2009 年中国民航运输碳排放增长了约 1.9 倍。

欧洲学者引入机队视角,从机队的更迭和退役角度分析民航运输低碳发展的

解决方案。从机队视角分析民航运输问题，可以将民航运输刻画得更为细致。机队规划模型按照机型座位数和设计航程对机型进行详细划分，且综合考虑了机队、机场、航司和政府政策之间的相互影响。例如，Schäfer 等（2016）开发了AIM2015 模型，综合考虑城市对级别运输需求、代际机型的更迭、民航低碳技术的发展、飞行成本和收益、飞机能效进步等要素，分析预测全球范围内的民航运输机型和各类低碳技术应用规模。机队规划问题一般为混合整数规划问题（Mixed Integer Programming，MIP），所考虑区域的需求越大，对 MIP 间隔容差设置越小，问题求解难度越大，因此以往采用机队视角进行分析的研究主要聚焦于航司级别的机队规划，且 MIP 间隔容差设置相对较大。Rosskopf 等（2014）构建了 FLOP 模型（Fleet Optimization Model）分析航司级机队规划问题，以成本最小和排放最低为目标函数求解机队在面临内部和外部约束时的最优决策，模型使用IBM CPLEX Optimization Studio 编写，相对 MIP 间隔容差设置为 1%，单次求解时间为 5 ~ 30 分钟。Müller 等（2016）构建 MIP 模型分析某一航司机队面临若干翻新技术选择和机队碳减排压力时成本最优的解决方案，相对 MIP 间隔容差设置为0.02% 和 0.5%，求解时间为 30 秒至 450 分钟。

民航运输是最难脱碳的运输方式。在国家提出低碳发展的背景下，已有许多研究对中国民航运输的未来发展趋势进行分析，但以往研究中考虑的民航运输低碳减排措施主要是自身能效提升和生物质燃料的应用，考虑的减排措施不够全面。以往研究采用的研究方法以情景分析法为主。例如，Zhou 等（2016）基于周转量法对不同情景下中国民航运输未来能源消费结构和碳排放情况进行测算，并据此提出民航在替代燃料应用等方面的发展路径。刘俊伶（2018）采用情景分析法测算未来中国交通部门能源消费量和碳排放，研究结果表明，生物质燃料将在 2050 年贡献约 10 亿吨 $CO_2$ 减排。

民航运输存在多类减排措施，如能效提升、翻新技术、运行管理技术、替代燃料和新一代机身技术等。Lynnette 等（2019）和 Schäfer 等（2016）研究总结了目前已有的民航运输低碳减排技术，可以分为客机翻新技术、机队管理技术和替代燃料技术三类，翻新技术主要包括翼梢小翼等可用于高龄飞机的节能技术，管理技术则以提升机队整体运行能效为目的，例如在机场中优化客机滑行过程，减少机队平均地面等待时间。以往研究中考虑的替代燃料技术主要是即用型生物质燃料。ICAO（2018）认为，2050 年替代燃料、翻新管理技术应用和自身能效提升分别可能使总排放减少 42.2%、7% 和 27%。

## 四、中国交通部门低碳发展路径

以往研究中，国内外研究者开发了各类分析模型对中国交通部门能源消费量和碳排放问题进行研究，各类模型的主要关注点存在差异。研究全球范围或某一国家的交通能源消费量和碳排放时，一般对整体能源系统进行建模分析，交通部门作为能源系统的组成部分，例如部分研究采用可计算一般均衡模型（Computable General Equilibrium，CGE）和 China – TIMES 模型（China – The Integrated MARKAL EFOM System）分析交通运输问题。单独以交通部门或其子部门为研究对象时多采用对交通部门单独建模的方式，例如王海林（2016）采用离散选择法预测交通需求构成，从而测算交通部门未来能源消费量。

使用综合分析模型研究交通部门时，交通部门作为能源系统的组成部分被纳入其中，从研究方法上看，可以分为自底向上、自顶向下和混合模型三类。自底向上模型对能源系统中各类技术刻画得较为细致，可覆盖能源开采至终端使用过程中的各个环节，能较为真实地反映实际情况，因此自底向上模型被广泛应用于分析交通部门的相关研究中。例如，Zhang 等（2016）运用 China – TIMES 模型分析比较了中国和美国交通部门的未来减碳潜力，并比较了中美两国交通部门发展路径的差异。McCollum 等（2017）丰富了 MESSAGE 模型中交通部门的技术细节，引入消费者购买决策过程，使模型更具政策意义。自顶向下模型在描述宏观经济情况时更具优势，多被用于分析经济结构变动、新出台政策、社会资源禀赋等因素对交通部门的影响。例如，陈建华（2013）构建 CGE 模型分析了引入通行费等政策对交通部门的影响。Kishimoto 等（2015）采用分区域 CGE 模型分析中国温室气体减排政策对交通部门需求、能源消费和碳排放的影响。混合模型兼顾自底向上和自顶向下模型的分析思路，在考虑宏观经济的同时兼顾对技术发展细节的细致刻画。如 Yin 等（2015）使用 GCAM 模型分析了中国交通部门低碳减排的可行路径，研究表明，长期来看低碳发展会同时改变交通部门需求构成，交通部门对油类制品的依赖使其脱碳难度较大。

单独以交通部门为研究对象的研究采用的研究方法主要包括自底向上建模、混合建模和回归分析三类。自底向上建模便于将政策的影响情况较为直观地反映到模型中，是最常用的分析方法。例如，凤振华（2019）基于 ASIF 公式（Activity，Modal Share，Energy Intensity，Emission Factor）和对低碳发展政策的情景设置分析交通部门发展路径。刘俊伶（2018）使用 LEAP 模型（Long – range Energy Alternatives Planning System）测算各情景下中国交通部门能源消费量和 $CO_2$ 排放情况。自底向上建模方式对各运输方式刻画得较为细致，对交通工具历史构成、年行驶里程、技术发展情况和燃油经济性等因素刻画得较为详细，可以考虑交通工具、运输需求、燃料技术路线等方面对低碳发展路径的综合影响。Peng 等（2018）基于 Gompertz 函数构建分省车队预测分析模型，结合电动汽车渗透率、行驶里程变动、自身能效进步等因素分析道路运输碳排放发展趋势。MoMo 模型（IEA Mobility Model）对私人乘用车、货车、大客车、铁路机车、客机和船舶等交通工具的能效提升和替代燃料技术的渗透比例等细节进行了详细刻画。对交通部门进行混合建模的研究同时考虑了交通部门的技术细节和宏观经济对交通需求的影响。如王海林（2016）和胡广平（2012）借鉴 GCAM 模型的分析思路，采用离散选择法和弹性系数法测算交通部门未来需求构成，对各类低碳发展政策进行仿真研究。回归分析法是指对 GDP、人口等社会经济发展指标与交通部门能源消费量和 $CO_2$ 排放量的关系展开分析。如 Chai 等（2016）对历史数据进行分析后认为，能源消费量和 GDP 的关系近似呈 S 型曲线，GDP 每增长 1%，道路运输能源消费量便会随之增长 0.33%。Zhang 等（2009）使用偏最小二乘回归法对中国交通能源消费量进行情景分析。

已有研究对中国交通部门污染物排放进行了测算，但以往研究主要聚焦于某一特定运输方式。例如，吴羽（2015）在调研各类传统内燃机车的运行情况后建立了汽车污染物排放测算数据库，依据实际减排技术分析内燃机车的减排成本。马金侠（2018）将北京市电动汽车渗透率分析结果应用到车队用电量和污染排放分析中，测算电动汽车推广对北京市减少污染物排放的贡献。柯文伟（2017）基于道路实测能耗数据分析测算了长三角和京津冀区域电动汽车在车队中比例提高带来的减排效果，并根据污染物减排量进一步测算人体健康收益。王彤（2019）采用自底向上的计算思路，结合车队构成、新技术渗透率和污染物排放因子测算各省份道路运输污染物减排效益。费文鹏（2020）按照民航运输飞行特点测算其污染物排放量，研究认为，2040 年民航运输各类污染物排放量将达到峰值。Liu 等（2019）基于中国机场的区域分布采用自底向上方法校核了 1980～2015 年中国民航运输的污染物排放量，将污染物排放具体到各航线和各机场。少部分研究探讨了中国交通部门的污染物排放情况，这些研究主要刻画了道路运输，对其他运输方式刻画得比较粗略。例如，冯相昭（2020）采用 LEAP 模型分析了中国交通部门温室气体排放和污染物减排的协同控制路径。Liu 等（2018）使用 LEAP 模型进行情景分析，分别测算了道路运输、铁路运输、水路运输和民航运输的污染物排放，并汇总得到中国交通部门污染物排放情况。研究对象为中国交通部门污染物排放的研究中，对民航、水路和铁路运输主要采用周转量法进行核算，且对技术的刻画相对粗略，没有考虑高速铁路、氢能飞机等新兴的减排技术的应用。

# 第四节　研究思路和本书结构

## 一、研究思路

通过构建中国交通能源碳排放分析模型，本书分析了中国电动汽车用户的总拥有成本情况，中国四纵四横线路开始建设至基本建成这一时间段内高铁对民航运输水平的影响，在高铁对民航运输替代效应的基础上采用机队视角分析了民航运输实现近零排放的最优路径，并在上述三部分研究内容的基础上，结合道路运输、铁路运输和水路运输的情况，提出中国交通部门实现 2060 年近零排放的行动方案。

## 二、本书结构

本书结构如下：

第一部分为绪论。从碳中和发展愿景、交通碳排放趋势、电动汽车快速发展、民航和高铁发展形势等角度介绍了当前交通部门低碳发展和本书研究背景，提出了主要研究问题及本书结构安排。（第一章）

第二部分为中国交通能源碳排放分析模型构建。包括模块功能与构成、主要子模块的功能设置、模型的目标函数、决策变量及主要约束等方法设计，以及模型相关的外部参数需求。（第二章）

第三部分为对电动汽车经济性、高铁对民航客运的替代效应和民航低碳发展路径设计这三个热点问题的深入分析。各章分别包括研究方法、数学建模、参数分析和结果解释等部分。（第三章、第四章、第五章）

第四部分为碳中和愿景下的交通部门低碳发展路径分析。基于前面的模型设计、关键问题的认识，进行未来发展的情景设计和分析，提出到 2060 年的交通部门发展碳排放目标、交通工具和燃料技术发展路径。（第六章）

第五部分为研究结论及政策建议。（第七章）

# 第二章　中国交通能源碳排放
# 分析模型构建

本章对开发的中国交通能源碳排放分析模型（CTEGM）的构建思路、模型结构和各模块功能进行阐释，并详细介绍各模块所用的计算方法以及社会经济发展假设。

## 第一节　CTEGM 模型主要研究内容

CTEGM 模型将对中国交通运输能耗和碳排放情况进行分析测算，重点关注城间客运结构变动、民航运输深度脱碳及中国交通部门能耗和碳排放仿真，主要对三方面内容进行研究，分别是高铁对民航客运替代效应分析、中国民航低碳发展路径设计及中国交通部门能源消费量和 $CO_2$ 排放测算。高铁是目前城间客运的重要组成部分，也是交通部门重要的减碳措施，因此模型首先分析了高铁对民航运输的替代效果，以此为依据对现行高铁发展规划下民航将会受到的影响进行研判。民航运输是最难脱碳的运输方式，因此模型对民航运输子模块进行了详细刻画，为交通部门的低碳发展行动方案设计提供参考。三部分研究内容的相互关系如图 2－1 所示。各部分的具体内容如下：

（1）高铁对民航客运替代效应分析。基于获取的航线级别的民航运输航班和运输人次数据与高速铁路开通情况数据，建立面板数据；基于面板数据，对高铁对民航客运活动水平的替代情况进行建模分析，并对不同距离下、不同运行时间下高铁的竞争力进行异质性分析，给出高铁和民航竞争激烈的运行时长区间；结合我国已经发布的高速铁路发展规划，给出未来发展规划下中国高速铁路对民航运输的替代比例。

（2）中国民航运输低碳发展路径设计。结合机队运行航线级历史数据，从机队视角出发，分析中国民航运输发展的最优路径。该部分综合考虑翻新技术、运行管理技术、客机自身进步和替代燃料技术等低碳技术的应用成本及收益，以包括机队运行的燃料成本、购置成本和维护成本在内的总成本最小为目标，求解混合整数规划问题，给出一定碳约束目标下民航运输发展的最优方案，输出机队构成、购置成本、运行成本、维护成本和减排贡献等结果，机队构成和低碳技术应用规模将作为交通部门整体能源消费和碳排放测算时民航运输部分的输入。高铁对民航客运替代效应分析得出的各距离段的民航航班被替代比例将成为该部分研究内容的输入，用于判断民航运输未来需求量及构成。

（3）中国交通部门能源消费量和碳排放测算。在上述两部分研究内容的基础上，根据道路运输、民航运输、铁路运输和水路运输的自身特点和可获得数据，以交通工具为基础或以周转量为基础测算各运输方式能耗和碳排放情况。高铁对民航替代效应分析的输出结果将作为该部分研究内容中城间运输结构变动的依据，民航运输低碳发展路径设计的输出路径作为该部分研究内容中民航运输的输入。该部分研究内容将给出中国交通部门实现碳中和目标的发展路径。

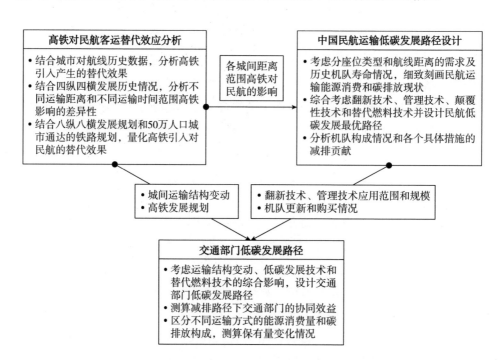

图 2-1　模型重点关注的三部分研究内容及相互关系

# 第二节　模型模块功能及构成

CTEGM 模型利用 Excel 和 Matlab 搭建，实现城市客运、城间客运和货运三种交通出行的建模，涵盖道路运输、铁路运输、民航运输和水路运输四类交通运输方式，体现不同运输方式的竞争性，分别建立配套数据库，实现后续政策仿真，对交通部门的能源消费量和 $CO_2$ 排放发展趋势进行分析测算。

模型包含的模块主要包括输入模块、交通服务需求分析模块、高铁对民航客运替代效应分析模块、交通结构和管理分析模块、民航运输低碳发展设计模块、交通工具保有量分析模块、协同控制效益模块和输出模块。其中，交通结构和管理分析模块包括交通运输结构分析子模块和各种运输方式的分析子模块。模型模块构成与数据连接如图 2 - 2 所示。

各模块的主要功能如下：

（1）模型输入模块。该模块用于对模型重要参数的输入，主要包括宏观经济类参数、交通部门历史数据相关输入和各类运输方式的交通服务需求及货运运输需求占比、民航运输输入数据、污染物排放相关输入数据等参数。宏观经济输入主要指 GDP 和人口，保有量相关输入包括历史交通工具构成及存活规律等。

（2）交通服务需求分析模块。该模块在宏观经济假设的基础上，使用弹性系数预测交通部门未来客货运需求。在客运、货运需求的历史数据的基础上，设置弹性系数对未来的交通运输需求进行预测。

（3）高铁对民航客运替代效应分析模块。该模块结合中国第一条高铁开通至四纵四横线路基本完全建成的十年间的历史航线级运行数据，分析不同运输距离、不同运行时间范围下高铁对民航客运的替代比例，给出不同运行时间范围下高铁替代效果的影响规律，结合未来高铁发展规划，得出空铁竞争下城际客运结构的变化趋势，探究建设八纵八横通道等现行高铁发展规划下民航可能受高铁替代的影响。

（4）交通结构和管理分析模块。按照道路、铁路、民航和水运的划分，分别对各运输方式的能源消费量和 $CO_2$ 排放进行测算。道路运输考虑不同功能车型，铁路运输考虑不同机车类型，民航运输考虑不同客机类型，对各运输方式进行细致刻画。道路运输和民航运输以交通工具和行驶里程为基础进行测算，铁路运输和水路运输以周转量为基础进行测算。

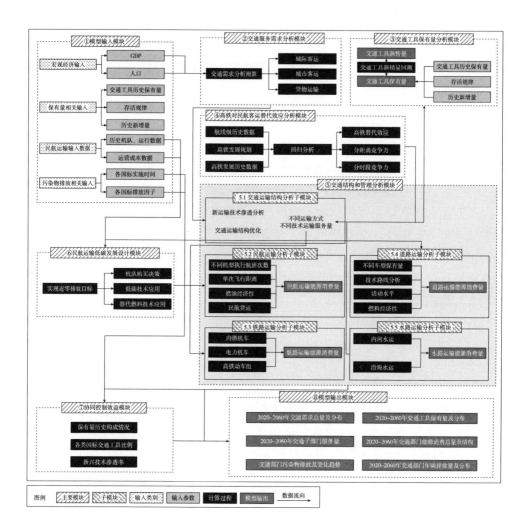

**图 2-2　CTEGM 模型框架及模块构成**

（5）民航运输低碳发展设计模块。在历史机队构成和历史机队航班运行数据的基础上，结合国家已经公布的高铁发展规划、民航运输可用低碳技术和生物质燃料、氢能、电力等替代燃料技术，以贴现总成本最小为目标分析中国民航运输实现近零排放目标的最优路径。

（6）交通工具保有量分析模块。该模块在交通部门各类交通工具的历史保有量和新增量的基础上，结合不同运输方式各类交通工具的交通运输活动水平和生存规律，推算未来交通部门中各类运输工具的保有量。道路运输和民航运输以历史交通工具构成和生存规律测算新售量中的技术路线构成，水路和铁路运输以交通工具承运的运输周转量进行测算。

（7）协同控制效益模块。按照各运输方式特点，分别按照交通工具法和周转量法测算各类污染物排放水平。道路运输考虑各省的国标实施时间测算各省车队中各国标车型构成。铁路和水路运输结合运输周转量和污染物排放因子测算其协同控制效益。

上述模块间实现数据交互，模型主要输出 2020～2060 年的交通需求总量及分布、交通工具保有量及分布、各部门服务量预测量、能源消费总量及结构和各年份碳排放总量及来源分布。接下来各节将分别对上述各个模块的研究边界和主要计算原理进行介绍。

# 第三节　交通服务需求分析模块

本书采用弹性需求预测方法对未来交通服务需求进行预测，即参考 GDP 和历史服务需求之间的关系，设置驱动弹性系数预测未来交通客运和货运服务需求，如式（2-1）所示。GDP 是对交通部门服务需求影响最大的因素，因此本书选择 GDP 作为驱动因子。其中，TO 表示交通运输服务周转量，TN 表示基年运输服务需求，ET 表示弹性系数，GDPIR 表示 GDP 增长率。

$$TO_t = TN \times (1 + ET \times GDPIR_t) \tag{2-1}$$

# 第四节　高铁对民航客运替代效应分析模块

高铁对民航替代效应分析模块在航线级历史数据的基础上，对不同距离段、不同运行时间范围和不同地理区位的航线受高铁开通的影响进行分析研究。所选数据为 2008～2017 年各航线运量数据，对应于中国高铁开通至四纵四横基本建成的时间段，以真实反映中国高铁自开通以来的运行情况。

在国家已经公布的八纵八横高铁规划和 50 万人口以上城市通达的规划基础上，分析测算中国高速铁路规划完成后民航运输受高铁影响的替代量。

具体分析框架和研究结果参见第三章。该模块的测算结果将作为民航运输低碳发展路径设计模块与交通结构和管理分析模块中交通运输结构分析子模块的输入。

# 第五节　交通结构和管理分析模块

交通结构和管理分析模块用于测算各运输方式的客运和货运运输需求，并依据道路运输、铁路运输、民航运输和水路运输的可获数据和自身特点对其能源消费量和 $CO_2$ 排放分别进行测算。因此，为计算运输服务需求构成与各运输方式能源消费量和 $CO_2$ 排放，该模块包含交通运输结构分析子模块、道路运输分析子模块、民航运输分析子模块、铁路运输分析子模块和水路运输分析子模块。本节将分别对各子模块的研究边界和计算原理进行介绍。

## 一、交通运输结构分析子模块

城间客运结构和货运结构将发生变化。各运输方式的货运周转量由总货运运输需求乘以该运输方式在总货运周转量中的占比得到，如式（2－2）所示。其中，MTO 为各运输方式的客运或货运周转量，Share 为某运输方式在运输周转量中的占比，l 表示各运输方式。

$$MTO_{l,t} = TO_t \times Share_{l,t} \tag{2－2}$$

参考高铁对民航运输的替代效果，高速铁路在不同运输时间和运输距离下的竞争力不同。本书假设不同运输时间和运输距离下民航运输活动水平将按照不同的替代率被高铁所替代。民航运输活动水平计算方法如式（2－3）所示。其中，FNum 为按照弹性系数计算得到的各运输距离下的民航客运需求，SubRate 为各运输距离下高铁对民航运输水平的替代比例，Flight_Num 为本书中所用的各运输距离下的民航运输需求。各区间高铁对民航运输的替代比例参考自高铁对民航客运替代效应分析模块的分析结果。

$$Flight\_Num_{r,t} = FNum_{r,t} \times （1 － SubRate_{r,t}） \tag{2－3}$$

## 二、道路运输分析子模块

道路运输分析子模块对中国除香港、澳门和台湾以外的 31 个省份的车队运行能源消费量和 $CO_2$ 排放进行测算。子模块以 2015 年为基年。模块对道路运输包含的主要功能车型进行了划分，分为乘用车、大客车、货车和其他功能车型四类。乘用车又可进一步划分为私人乘用车、政府部门公务车、商用车和出租车四类。在本模块中，将私人乘用车、政府部门公务车和商用车统一统计为私人乘用车。大客车可以进一步划分为城市公交车和非公交用途的大客车，非公交用途的大客车主要用于城间营运性运输。货车可以分为重型货车、中型货车、物流车和环卫车四类。其他功能车型主要包括低速运行车、三轮车和摩托车等，该类型暂时未被计入道路运输分析子模块能源消费量的测算中。道路运输分析子模块中的车型分类如图2-3所示。

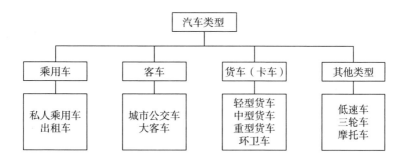

**图 2-3  道路运输分析子模块中对车型分类情况**

道路运输分析模块主要考虑了四种车用动力技术路线，分别是传统内燃机车（Internal Combustion Engine Vehicles，ICEVs）、电动汽车（Electric Vehicles，EVs）、燃料电池汽车（Fuel Cell Vehicles，FCVs）和天然气汽车（Natural Gas Vehicles，NGVs）。模块中暂未考虑插电式混合动力汽车（Plug - in Hybrid Electric Vehicles，PHEVs）和混合动力汽车（Hybrid Electric Vehicles，HEVs），一方面，国内政策对这两种技术路线的支持力度不大，长期来看纯电动汽车将是主流的技术路线；另一方面，混合动力汽车和插电式混合动力汽车的运行模式较为复杂，对于其运行过程中油、电的耗能比例尚存争议。因此，道路运输分析子模块主要考虑了汽油、柴油、电力、氢能、压缩天然气、液化天然气等车用燃料类型，暂不考虑生物质燃料、煤制油等燃料类型。

该模块具体结构和计算原理如图2-4所示。该模块在车队构成历史数据等输入的基础上，结合经济和社会指标发展趋势测算车队保有量及新售量，并在燃油经济性和单车活动水平的基础上测算车队能源消费量和 $CO_2$ 排放。模块输入主要包括历史车队不同技术路线保有量及新售量、历史宏观经济数据、燃油经济性及活动水平情况、生存规律和能源碳强度等。

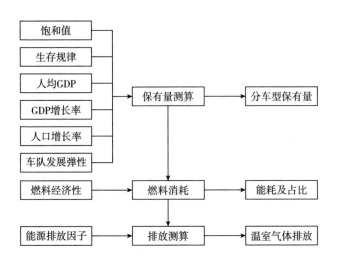

**图2-4 道路运输模块测算方法及框架**

模块对不同技术路线的车队保有量和新售量分别进行了测算。对于三种不同类型汽车,模块分别采用三种不同预测方法进行预测。对私人乘用车保有量进行预测时,一般认为保有量与人均 GDP 呈现 S 型曲线关系,因此本书中私人乘用车保有量根据人均 GDP 进行预测,采用 Gompertz 函数对人均 GDP 和千人乘用车保有量进行拟合,以便于设置不同饱和值对未来保有量发展情况进行情景分析。考虑到中国保有量增长仍处于原始的爆发期,因而人均 GDP 预测的准确性和饱和值的判断情况直接影响未来保有量预测的准确性。具体计算方法如式(2-4)所示。

$$VP_t = VP_s \times e^{\alpha e^{\beta PG_t}} \tag{2-4}$$

其中,$VP_t$ 表示第 t 年千人私人乘用车保有量,$VP_s$ 表示车队保有量饱和值,$\alpha$ 和 $\beta$ 为回归参数,$PG_t$ 为第 t 年人均 GDP。

私人乘用车保有量与新售量之间的关系是根据车队保有量和生存规律回溯,即当年保有量减去以往年份新售量在当年的存量,测算各年私人乘用车的新售量。具体计算公式如式(2-5)所示。

$$NS_t = VP_t - \sum_{i=0}^{t-1} NS_i \times Suv_{t-i} \tag{2-5}$$

其中,$NS_t$ 表示第 t 年新售量,Suv 表示一定使用年限汽车的存活比例,由汽车生存规律得来。

结合各类技术路线在当年新售量中的占比和生存规律,计算每年车队中不同技术路线车型占比,如式(2-6)所示。

$$VPS_{r,t} = \sum_{i=0}^{t} ( NS_i \times NSshare_{i,r} \times Suv_{t-i} ) \qquad (2-6)$$

其中，VPS 表示车队中某一技术路线的数量，NSshare 为新售量中各类技术路线的占比，r 表示各类燃料技术路线。

公务服务类车型，包括出租车、城市公交车、大客车和环卫车的人均保有量预测采用不同的增长率和驱动因素，模块中采用与人口增长拟合的方式，因为这些车型主要用于满足人们的日常出行和生活的需要。其中，城市公交车和环卫车的保有量增长速度与人口增长速度成比例。货车保有量分别采用与人均 GDP 进行拟合的方式，参考以往文献中对未来保有量增长率较之于人均 GDP 增长率的弹性系数的设定，对货车保有量进行预测。具体计算原理与式（2-1）类似，随着人口的增长和城镇化率的提高，这类车型保有量将逐渐达到饱和，如式（2-7）所示。

$$VPB_{j,t} = VPB_{j,t-1} \times \left( 1 + GDPR_{j,t} \times \frac{VPR_{j,t}}{GDPR_{j,t}} \right) \qquad (2-7)$$

其中，VPB 表示商用车类型的保有量，$VPB_{j,t-1}$ 表示该车型在上一年的保有量，VPR 为车队保有量增长率，GDPR 为 GDP 年增长率，j 表示商用车类型。

道路运输的整体能耗是由不同车型能耗加总得来，即基于保有量、燃油经济性、单车活动水平指标和技术路线占比相乘得来。具体计算方法如式（2-8）所示。

$$EC_t = \sum_{j=1}^{9} \sum_{r=1}^{4} ( VP_{j,t,r} \times FR_{j,t,r} \times VMT_{j,r,t} ) \qquad (2-8)$$

其中，j 表示不同功能车型，r 表示不同燃料技术路线，FR 表示当年的不同车型不同技术路线的燃油经济性，VMT 表示单车活动水平，EC 表示当年车队总体能源消费量情况。

道路运输碳排放是由不同类型燃料的消耗量和其各自对应的排放因子相乘加总得来。具体计算方法如式（2-9）所示。EM 表示当年总排放，EF 表示不同能源品种的碳排放因子，l 表示能源品种。

$$EM_t = \sum_{l} EC_{l,t} \times EF_l \qquad (2-9)$$

### 三、民航运输分析子模块

#### 1. 民航运输能耗测算思路

民航运输分析子模块对中国 31 个省份内的机场起降的客运和货运飞机的能耗和排放情况进行了测算。模块以 2015 年为基年。该模块对客运民航和货运民航的能耗和排放分别进行了测算。考虑到民航运输的货运周转量较小且增长速度不大，该模块暂时没有对民航货运进行细致划分和刻画。模块对民航客运能耗的测算过程中，对宽体客机、窄体客机和支线客机的能耗情况分别进行汇总和测算。宽体客机具体指飞机座位数超过 250 座的客运飞机，窄体客机具体指飞机座位数为 100~200 座的客运飞机，支线客机具体指飞机座位数在 100 座以下的飞机。民航运输模块综合考虑航空煤油、生物质燃料、电驱动技术和氢能燃料的应用。

民航运输分析子模块的计算原理如图 2-5 所示。模块输入主要包括历史机队保有量及构成、未来新售量及构成、历史宏观经济数据、燃油经济性及活动水平情况、能源碳强度等。飞机运行能耗主要分为起飞阶段和巡航阶段两部分，起飞阶段能耗由各机型采用发动机的起飞功率和国内机场的平均起飞时间计算得来。不同机型巡航阶段能源消费量与等效座位数、飞行距离和机型设计航程最具相关性。由于某些机型能效数据缺少巡航阶段的实际运行能耗数据，本书使用航线燃油模型来模拟不同运行距离下航班的运行能耗。基于不同机型单机活动水平情况，使用飞行能耗测算模型对其平均燃油经济性进行测算。单次航班的运行能耗数据与国际民航组织给出的各机型不同飞行距离下能耗缺省值进行比对。对于在以往文献中已有能耗实际调研数据的机型，本书直接选取以往文献的调研结果作为能效水平输入。

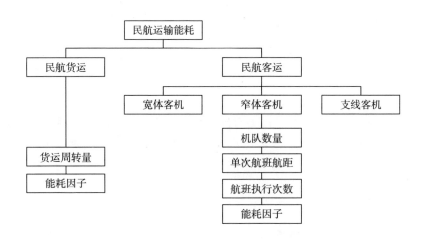

图 2-5　民航运输模块测算思路

2. 主要计算原理

民航运输能耗由民航货运、宽体客机、窄体客机和支线客机能耗加总得来。货运能耗由民航货运运输周转量和单位运输量能耗因子相乘得来，民航客运能耗由不同类型客机的机队数量、单次航班航距、单机飞行频次和能耗强度相乘得来。具体计算公式如式（2–10）所示。$CO_2$ 排放由航空煤油消费量和排放因子相乘得来。

$$EC_t = \sum_{r \in R} \sum_{i=1}^{3} (PS_{i,r,t} \times Freq_{i,r,t} \times EIPA_{i,r,t}) + AFT_t \times ECF_t \qquad (2-10)$$

其中，EC 表示行业总能源消费量，i 表示不同客机类别（宽体、窄体和支线客机），r 表示机队中各燃料技术路线和飞机类型，PS 表示机队数量，Freq 表示单机执飞频次，EIPA 为单机单次飞行能源消费量，AFT 表示民航货运完成周转量，ECF 表示民航货运能耗因子。

不同客机型号燃油经济性由巡航阶段平均燃料消耗和起飞阶段平均燃油消耗相加得来，如式（2–11）所示。其中，EI_LTO 为飞机起飞阶段能源消费量，EI_Cruise 为飞机巡航阶段的能源消费量。

$$EIPA_{i,r,t} = EI\_LTO_{i,r,t} + EI\_Cruise_{i,r,t} \qquad (2-11)$$

起飞阶段能耗由客机发动机的平均功率和起飞阶段平均运行时间计算得来，平均运行时间取自以往针对国内民航客运机场的研究结果，发动机平均功率取自国际民航组织每年更新的客机发动机能耗和排放数据库，如式（2–12）所示。其中，FuelFlow 为飞机起飞阶段各流程的发动机燃料流速，主要流程包括滑行、爬升、降落和入位等，Duration 为各流程平均用时，v 表示飞机起飞阶段包含的各个过程。

$$EI\_LTO_{i,r,t} = \sum_{v \in V} FuelFlow_{i,r,v,t} \times Duration_{i,r,v,t} \qquad (2-12)$$

飞机巡航阶段油耗由飞行油耗测算模型计算得来。飞机飞行油耗测算模型是基于不同机型真实飞行能耗数据，结合机型等效座位数、飞行距离和机型设计航程等数据对飞行能耗进行测算。不同飞行距离平均油耗与飞行距离之间近似呈线性拟合关系，拟合回归式参数与设计航程和等效座位数有关。考虑到全球机型的一致性，飞机巡航阶段的平均油耗也与国外研究机构的相关报告（例如国际民航组织、欧洲空中航行安全组织等机构出版的报告中的能耗数据）和其他相关研究进行比对。

等效座位数计算方法如式（2–13）所示。其中，i 表示不同机型，j 表示不同客舱（1、2、3 分别表示经济舱、商务舱和头等舱），$Se_{eq,i}$ 表示该机型的等效座位数，$Sepr_{i,1}$ 表示不同舱位每排的座位数，$sp_{st}$ 为前后座位标准距，$Se_{i,j}$ 表示不同舱位的座位总数，sp 表示该机型不同舱位座位的前后距离。

$$Se_{eq,i} = \frac{Sepr_{i,1}}{sp_{st}} \times \sum_{j=1}^{3} \frac{sp_{i,j} \times Se_{i,j}}{Sepr_{i,j}} \qquad (2-13)$$

各机型在不同飞行距离下的平均飞行巡航阶段能源消费量 EI_Cruise 与等效座位数以及设计航程之间的关系如式（2-14）所示，式中相关参数与等效座位数 $Se_{eq,i}$ 和设计航程 DeDist 呈函数关系。AvDist 表示飞机的平均飞行距离。

$$EI\_Cruise_{i,r,t} = f_1\left(Se_{eq,i,r,t}, DeDist_{i,r,t}\right) \times AvDist_{i,r,t} + f_2\left(Se_{eq,i,r,t}, DeDist_{i,r,t}\right)$$
$$(2-14)$$

### 四、铁路运输分析子模块

**1. 测算思路及研究边界**

铁路运输分析子模块中，对中国铁路运输的客运和货运的能耗和排放情况分别进行了测算。由于 2015～2018 年的部分铁路数据不再公布，模块使用 2010～2014 年的数据进行校核。铁路运输模块主要考虑了柴油和电力两种技术路线，以煤作为能源的蒸汽机车以及其他新型技术路线的铁路机车由于存量较少因而暂未列入考虑。高铁动车组承担的客运任务日益增加，因此本模块对高铁动车组的能源消费量单独进行了测算。

铁路运输分析子模块具体计算框架如图 2-6 所示。铁路机车的运输任务包括本务、重联和补机等。由于铁路机车存在自重，且机车除本务任务外还有补机等协助运输任务，铁路机车总走行公里往往比铁路运输的完成工作量大，因此模块以工作量为基础对铁路机车能耗进行测算。不同类型机车的客运和货运工作量由其平均牵引总重和综合日车公里的乘积计算得来。模块输入主要包括历史机车保有量及新增量数据、燃油经济性及活动水平情况、内燃机车、电力机车及高铁动车组平均能耗强度因子、不同类型机车工作量与活动量转换因子和能源碳强度等。蒸汽机车未被纳入考虑。

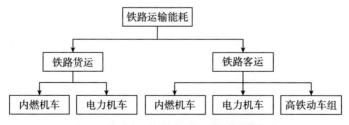

**图 2-6　铁路运输分析子模块测算思路**

2. 主要计算思路

铁路运输能耗由铁路货运和铁路客运能耗加总得来，具体计算公式如式（2-15）所示。

$$EC_t = \sum_{i=1}^{2} \sum_{j=1}^{2} (TO_{i,j,t} \times \alpha_{j,t} \times S_{i,j,t} \times \beta_{i,j,t} \times \gamma_{i,t}) \qquad (2-15)$$

其中，EC 表示总能源需求，i 表示不同机车类别（这里指内燃机车、电力机车和高铁动车组），j 表示客运和货运，TO 表示周转量，α 表示机车工作量与周转量的转换系数，S 表示牵引工作量中不同机车类型的占比，β 表示不同燃料类型机车的能源强度与平均能源强度的转化系数，γ 表示不同类型机车的平均能源强度。

铁路运输 $CO_2$ 排放由其柴油消费量和排放因子计算得来，如式（2-16）所示。

$$EM_t = \sum_{i \in I} EC_{i,t} \times EF_i \qquad (2-16)$$

其中，EM 表示碳排放，EF 表示碳排放因子。

**五、水路运输分析子模块**

1. 测算思路

水路运输主要为货运和商业运输服务，其活动水平在国家及地方统计数据中能够得到比较清晰的反映。其他运输方式，如道路运输，主要为私人出行服务，其不同车型的活动水平和能耗强度变化性较大，很难准确获取相关数据。因而，水路运输相关统计数据的可靠性和准确性较高。与此同时，水路运输所用船只的种类较多，船只大小、运输容量、发动机功率、航速及运行状态等因素都会对单体能耗产生影响。

水路运输分析子模块的研究框架如图 2-7 所示。水路客运周转量较少，因而水路客运能源消费量由活动水平与能耗因子相乘的方式计算得来。在对基年水路货运能源消费量进行测算时，本书采用交通工具法和周转量法两种方法分别进行测算并进行比对。交通工具法是指基于船只运行状态的发动机功率和运行时间，结合相应的能耗因子对水路货运能源消费量进行测算。该方法将船只供能分为推进供能和辅助供能两类；船只状态分为两类，分别是巡航和低速运行状态。周转量法是指基于水路货运周转量和能耗因子对水路货运能源消费量进行测算。由于船只运行状态判定较为困难，对发动机功率、船只大小等参数缺乏可靠的预测方法，且发动机功率等数据在 2014 年后不再在统计数据中公布，因此本书选用周转量法对未来水路运输能源消费量进行测算。

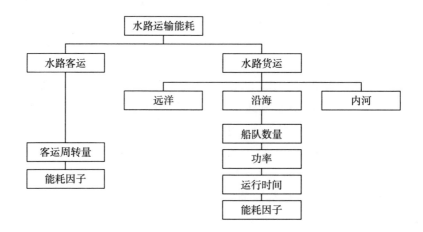

**图 2-7 水路运输模块核算思路**

2. 水路运输能源消费量测算

基于船只活动水平的能源消费量计算方法如式（2-17）所示。其中，EC 表示水路运输总能源消费量，EIP（ton/pkm）和 EIF（ton/tkm）分别表示客运和货运的能耗强度，$WT_p$ 表示水运完成的客运周转量，i 表示水路货运模式（i = 1、2 分别表示沿海和内河货运），TN 表示不同运输模式下的总航行次数，ECPT 表示单次航行的船只发动机总功率输出（kWh）。

$$EC_t = EIP \times WT_p + \sum_{i=1}^{2} (EIF_{i,t} \times TN_{i,t} \times ECPT_{i,t}) \qquad (2-17)$$

水路货运不同运输模式下的航行次数由式（2-18）计算得来。其中，TV 表示当年的货物总运输量（吨），TDT 表示船的总净载重（吨），VF 表示船队数量，LF 表示船队货物运输过程中的平均负载率（%）。

$$TN_{i,t} = \frac{TV_{i,t}}{TDT_{i,t} \div VF_{i,t} \times LF_{i,t}} \qquad (2-18)$$

船只单次运输过程中的发动机总功率输出由其巡航状态和低速运行状态做功加总得来，如式（2-19）所示。其中，ECTC 和 ECTI 分别是船只在巡航状态和低速运行状态下的总出力。

$$ECPT_{i,t} = ECTC_{i,t} + ECTI_{i,t} \qquad (2-19)$$

巡航状态和低速运行状态发动机做功分别由两种状态下推进和辅助做功加总得来，如式（2-20）和式（2-21）所示。其中，THC 和 THI 分别表示单次航行过程中巡航装填和低速运行状态的持续时间（小时），RPP 和 RPA 分别是船只用于推进和辅助服务的额定功率（千瓦），CEPLF 和 CEALF 分别是巡航状态下发动机用于推进做功和用于辅助做功的负载率（％），IEPLF 和 IEALF 分别是低速运行状态下发动机用于推进做功和用于辅助做功的负载率（％）。

$$ECTC_{i,t} = THC_{i,t} \times ( RPP_{i,t} \times CEPLF_{i,t} + RPA_{i,t} \times CEALF_{i,t} ) \qquad (2-20)$$

$$ECTI_{i,t} = THI_{i,t} \times ( RPP_{i,t} \times IEPLF_{i,t} + RPA_{i,t} \times IEALF_{i,t} ) \qquad (2-21)$$

巡航状态的运行时间由货运周转量和货物运输量计算得来，如式（2-22）所示。其中，$WT_f$ 表示相应水运货运周转量（吨公里），SP 表示巡航速度（公里/小时）。

$$THC_{i,t} = WT_{f,i,t} \div TV_{i,t} \div SP_{i,t} \qquad (2-22)$$

基于运输周转量的能耗和排放测算方法如式（2-23）所示。其中，$WT_p$ 和 $WT_f$ 表示客运和货运周转量，EIP（ton/pkm）和 EIF（ton/tkm）分别表示客运和货运的能耗强度，r 表示各类燃料技术路线。

$$EC_t = \sum_{r \in R} WT_{p,r,t} \times EIP_{r,t} + \sum_{r \in R} WT_{f,r,t} \times EIF_{r,t} \qquad (2-23)$$

# 第六节　民航运输低碳发展路径设计模块

民航运输低碳发展路径设计模块主要从机队视角，依据成本最优思路提出民航运输发展的最优路径。该模块结合各类机型的保有量数据和历史运行数据，设计优化程序，得出中国机队在购买、退役、翻新、管理和替代燃料应用等方面的最优决策。本节将主要介绍模块的研究框架、目标函数、决策变量和主要约束。

## 一、模块概况

参考以往研究的机型划分，依据机型自身载客量和设计航程，民航运输低碳发展路径设计模块将中国机队分为九类，分别为小型支线客机、中型支线客机、大型支线客机、小型窄体客机、中型窄体客机、大型窄体客机、小型宽体客机、中型宽体客机和大型宽体客机。每类机型将选取一个典型机型作为代表，表征该类机型的运行参数。各类机型运行情况和机队保有量依据公开数据和本书获取的航线级数据校核。本书只考虑国内航班，不考虑跨国航班。

民航运输低碳发展路径设计模块为在 Matlab – Yalmip 上编写构建的混合整数规划问题，程序调用 Gurobi 求解器实现求解。Matlab – Yalmip 是由苏黎世联邦理工学院开发的 Matlab 工具箱，用于编写和构建优化模型并与外部求解器对接，提供描述优化问题的一种统一格式，其最大特点在于与各类求解器的兼容性。Matlab – Yalmip 被广泛应用于构建和求解线性规划问题和混合整数规划问题。Gurobi 为美国 Gurobi Opimization 公司开发的全球领先的大规模优化问题求解器，在各类求解器中其混合整数规划问题的求解速度优势较为明显，且 Gurobi 对规划问题的约束和变量个数没有限制。

民航运输低碳发展路径设计模块研究框架如图 2 – 8 所示。模块初始化阶段综合考虑了各类机型的历史保有量构成数据和实际飞行数据。本书考虑的成本包括四类，分别是购置成本、燃料成本、翻新技术和管理技术应用成本及维护成本。燃料成本可进一步划分为起飞和滑行阶段燃料成本与巡航阶段燃料成本。模块没有对起飞阶段的燃料成本进行进一步划分。燃料成本综合考虑了各类燃料技术飞机所用燃料，包括航空煤油、生物质燃料、氢能和电力。

购置成本包括购买新型飞机的成本及主动退役飞机后的残值收益，模块计算的购置成本包含了传统燃油飞机、氢能飞机和电动飞机等类型飞机的购置成本。模块共考虑五种飞机购买选择，分别是上一代际机型（即 2015 年前生产的机型）、当前代际机型（即 2020 年前后投产并商用的机型）、下一代际机型（即 15 ~ 20 年后入役的客机）、氢能飞机和电动飞机。一般客机会在 15 ~ 20 年后出现新一代际机型，而各类客机基本已经在 2020 年前实现换代，因此模块中考虑了 15 ~ 20 年后入役的下一代际客机。本书依据技术发展情况和各飞机制造商公布的尚在生产的客机类型，对模块考虑的五种类型的客机购买选择的可用时间进行预先设置。

燃料成本包括传统燃油飞机运行使用航空煤油的成本、氢能飞机运行时的用氢成本和电动飞机的用电成本。

翻新技术是指对年龄大于 1 的飞机进行翻新从而提升其能效水平的系列技术，管理技术是指在机队整体层面应用的一系列以提升机队整体运行能效水平为目的的运行优化措施。应用翻新技术和管理技术需要额外的安装成本和每年使用该技术的维护成本。

模块分析周期为 2020 ~ 2060 年，以 1 年为 1 期。模块旨在分析得出中国民航运输实现碳中和目标下近零排放的成本最优路径。模块求解过程中 MIP 间隔容差设置为 0.01%。经过多组数据测试，平均求解时间在 30 分钟至 5 小时。模块输入包括中国机队的各机龄机队保有量、机队能效数据、各类低碳减排技术的成本及收益、油价、氢价和民航运输近零排放约束。模块输出包括各期飞机购买量及构成、各期机队保有量及构成、各期各类翻新技术的应用规模、各期各类翻新技术的新装规模、各期各类管理措施的应用规模、各期生物质燃料的应用规模、各期各类飞机的主动退役数量等。

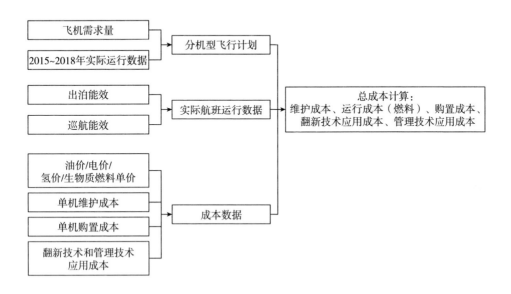

**图2-8　民航运输低碳发展路径设计模块研究框架**

### 二、目标函数、决策变量及主要约束

模块的决策和处理过程如图2-9所示。机队运行决策过程主要包括新需求出现时购买飞机的决策、对老龄机队是否采用各类翻新技术提升能效进行决策、对现有机队是否采用各类运行管理技术进行决策、对是否购买替代燃料技术飞机进行决策。

模块中的决策变量主要包括各类型飞机的当期购买量、当期主动退役量、各类别翻新技术、运行管理措施在各类机型中的应用规模和生物质燃料的应用规模。决策变量及含义如表2-1所示。下标 $i$ 表示各飞机代际类型和替代燃料类型，$j$ 表示飞机大小和设计航程所划分的类别，$k$ 表示某一特定飞机在当期的年龄，$t$ 为期数，$m$ 表示某一特定翻新技术，$n$ 表示某一特定管理技术。$I$ 表示 $i$ 隶属的所有飞机代际类型和替代燃料类型的集合，$J$ 表示所有机型大小分类的集合，$K$ 表示飞机最大服役年龄，$T$ 表示模块考虑的全部时间周期，$M$ 表示所有考虑的可用的翻新技术集合，$N$ 表示所有考虑的可用的运行管理技术集合。

替代燃料飞机可能存在寿命衰减，例如氢能飞机受构造的影响，可能每年可执飞的航班数量会有所下降，因此模块中考虑了运行频次衰减系数。各替代燃料技术飞机的应用航程可能有限制，例如，电动飞机受电池性能的影响可能无法完成长距离飞行或承运太多旅客，因此模块基于文献调研和相关研究的分析结果对替代燃料技术飞机的可用范围进行了预先设置。此外，由于客机年龄增加其维护成本也会随之增加，因此模块对客机维护成本设置了劣化率以反映年龄对维护成本的影响。

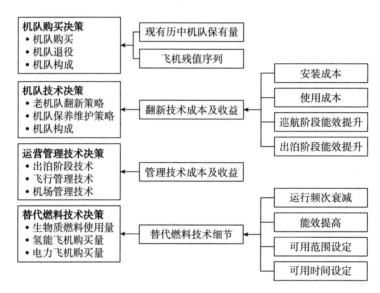

图 2 - 9　模块决策变量和相关参数

表 2 - 1　主要决策变量及含义

| 决策变量 | 描述 |
|---|---|
| $Pur_{i,j,t}$ | 第 t 期内购买的类型为 i 和 j 的客机数量 |
| $Liqui_{i,j,k,t}$ | 第 t 期内主动退役的年龄为 k 的类型为 i 和 j 的客机数量 |
| $Retro_{i,j,k,m,t}$ | 第 t 期内年龄为 k 的类型为 i 和 j 的客机应用翻新技术 m 的规模 |
| $Ini\_Retro_{i,j,k,m,t}$ | 第 t 期内年龄为 k 的类型为 i 和 j 的客机开始应用翻新技术 m 的数量 |
| $Man_{i,j,k,n,t}$ | 第 t 期内年龄为 k 的类型为 i 和 j 的客机应用管理技术 n 的规模 |
| $Ini\_Man_{i,j,k,n,t}$ | 第 t 期内年龄为 k 的类型为 i 和 j 的客机开始应用管理技术 n 的数量 |
| $Dec\_Retro_{i,j,k,m,t}$ | 第 t 期内类型为 i 和 j 的客机是否应用翻新技术 m 的0/1变量 |
| $Dec\_Man_{i,j,k,n,t}$ | 第 t 期内类型为 i 和 j 的客机是否应用管理技术 n 的0/1变量 |
| $Bio\_Range_t$ | 第 t 期内即用型生物质燃料应用范围 |

模块运行目标是使 2020～2060 年 41 期内中国民航客运机队运行成本最小，即购置成本、翻新技术应用成本、管理技术应用成本、燃料使用成本和维护成本总和最小。目标函数计算方法如式（2-24）所示。

$$\text{Min. TC} = \sum_{t\in T}(\text{CPur}_t - \text{CLqd}_t + \text{CRetrofit}_t + \text{COp}_t + \text{CMaintain}_t + \text{CFuel}_t) \cdot (1+d)^{-t} \qquad (2-24)$$

其中，TC 表示总体运行成本，CPur 表示机队新购置飞机的成本，CLqd 为飞机主动退役的残值回收，CRetrofit 为翻新技术的应用成本，COp 为运行管理技术的应用成本，CMaintain 为机队维护成本，CFuel 为机队燃料成本，d 为贴现率。

机队购置成本等于当期各类飞机购买投入之和，如式（2-25）所示。其中，PPrice 表示各类型客机的单机购置成本。

$$\text{CPur}_t = \sum_{i\in I}\sum_{j\in J}\text{PPrice}_{i,j,t} \times \text{Pur}_{i,j,t} \qquad (2-25)$$

机队回收残值由每期回收飞机数量及相应年龄下飞机残值相乘后求和得到，如式（2-26）所示。其中，Residue_Value 为不同类型飞机的残值函数，自变量为飞机服役年龄。

$$\text{CLqd}_t = \sum_{i\in I}\sum_{j\in J}\sum_{k\in K}\text{Residue\_Value}_{i,j,k} \times \text{Liqui}_{i,j,k,t} \qquad (2-26)$$

翻新技术应用成本由当期翻新技术维护成本和新安装该技术的飞机安装费相加得到，如式（2-27）所示。其中，RMaintain 为某一翻新技术单期维护成本，RApp 为某一翻新技术新安装使用的成本。

$$\text{CRetrofit}_t = \sum_{m\in M}\sum_{i\in I}\sum_{j\in J}\sum_{k\in K}\text{RMaintain}_{i,j,m} \times \text{Retro}_{i,j,k,m,t} + \sum_{m\in M}\sum_{i\in I}\sum_{j\in J}\sum_{k\in K}\text{RApp}_{i,j,m} \times \text{Ini\_Retro}_{i,j,k,m,t} \qquad (2-27)$$

运行管理技术应用成本计算原理与翻新技术类似，如式（2-28）所示。其中，MMaintain 为某运行管理技术单期维护成本，MApp 为该运行管理技术的新采用成本。

$$\text{COp}_t = \sum_{n\in N}\sum_{i\in I}\sum_{j\in J}\sum_{k\in K}\text{MMaintain}_{i,j,n} \times \text{Man}_{i,j,k,n,t} + \sum_{n\in N}\sum_{i\in I}\sum_{j\in J}\sum_{k\in K}\text{MApp}_{i,j,n} \times \text{Ini\_Man}_{i,j,k,n,t} \qquad (2-28)$$

机队维护运行成本由当期机队保有量与单机维护成本相乘得到，如式（2-29）所示。

$$\text{CMaintain}_t = \sum_{i\in I}\sum_{j\in J}\sum_{k\in K}\text{Maintain\_Value}_{i,j,k} \times \text{Stock}_{i,j,k,t} \times \text{FreqDecay}_k \qquad (2-29)$$

其中，Maintain_Value 为以单次航班计的维护成本，Stock 表示某一特定年龄机队的当期保有量。客机年龄增加后其单次维护成本会逐渐提高，替代燃料技术飞机由于其自身运行特点可能需要更高的维护成本，因此模块设置 FreqDecay 参数表征机型随年龄增加或技术路线更迭而产生的劣化率。

机队燃料运行成本由当期机队飞行航班所用的燃油、氢能、电力和生物质燃料成本减去翻新技术和运行管理技术应用后带来的成本节约得到，如式（2－30）和式（2－31）所示。式（2－30）用于测算机队各类燃料的消费量，式（2－31）用于测算各类燃料的使用成本。

$$\text{FuelCon}_{i,t} = \sum_{j \in J} \sum_{k \in K} \text{Stock}_{i,j,k} \times \text{EI}_{i,j,k,t} \times \text{EnDecay}_k - \sum_{m \in M} \sum_{j \in J} \sum_{k \in K} \text{RB}_{i,j,m} \times$$
$$\text{Retro}_{i,j,k,m,t} - \sum_{n \in N} \sum_{j \in J} \sum_{k \in K} \text{MB}_{i,j,n} \times \text{Man}_{i,j,k,n,t} \qquad (2-30)$$

$$\text{CFuel}_t = \sum_{i \in I} \text{FuelCon}_{i,t} \times \text{FP}_{i,t} \qquad (2-31)$$

其中，FuelCon 为当期某一类燃料消费量，EI 为某一架客机当年的能源消费量，EnDecay 为能效随年龄增加的衰减率，RB 为某翻新技术应用后带来的收益，本书中主要指巡航阶段或者起飞阶段能效的提升，MB 表示某运行管理技术在应用后带来的收益，主要是起飞阶段的能效提升、飞行频次的减少和巡航阶段能效的提升，FP 为当期燃料价格。

本模块中需要满足的约束主要包括容量约束、需求约束、连续性约束和碳约束等。容量约束和需求约束是指当期机队能够承担的航班数量和提供的可用座位数应大于当年的需求，如式（2－32）和式（2－33）所示。

$$\sum_{i \in I} \sum_{j \in J} \sum_{k \in K} \text{Stock}_{i,j,k,t} \times \text{Flight\_Num}_{i,j,k,t} \geqslant \text{FlightYear}_{j,t} \qquad (2-32)$$

$$\sum_{i \in I} \sum_{j \in J} \sum_{k \in K} \text{Stock}_{i,j,k,t} \times \text{Seat\_Num}_{i,j,k,t} \geqslant \text{SeatYear}_{j,t} \qquad (2-33)$$

其中，Flight_Num 为单机承担的航班数量，Seat_Num 为某一类机型的平均座位数，FlightYear 和 SeatYear 分别是当年的航班数量需求和座位数需求。

翻新技术应用应满足连续性。式（2－34）使当年所有的单机决策的0/1变量求和与当年该技术的应用规模相等。

$$\text{Retro}_{i,j,k,m,t} = \sum_{i \in I} \sum_{j \in J} \sum_{k \in K} \text{Dec\_Retro}_{i,j,k,m,t} \qquad (2-34)$$

当某一特定飞机在上期应用了某翻新技术后，如果当期该机没有主动退役，那么它将继续应用该翻新技术，如式（2－35）所示。

$$\text{Dec\_Retro}_{i,j,t} = \begin{cases} 1, & \text{Dec\_App}_{i,j-1,t-1} = 1 \text{ 且当期未主动退役} \\ 0, & \text{该飞机当期退役} \end{cases} \qquad (2-35)$$

第 1 期的技术应用规模等于当期的技术安装数量，如式（2－36）所示。

$$\text{Retro}_{i,j,k,m,t}\ (t=1)\ =\text{Ini\_ Retro}_{i,j,k,m,t} \tag{2-36}$$

式（2－34）、式（2－35）和式（2－36）保证翻新技术使用的连续性，即上一期中各类翻新技术应用情况会对下一期产生影响，使各期的技术应用情况形成数学关系。管理技术应满足类似约束，如式（2－37）、式（2－38）和式（2－39）所示，即当期所有的单机管理技术应用决策的 0/1 变量求和与当期的管理技术应用规模相等，管理技术的应用具有连续性，且第 1 期的技术应用规模等于当期的技术安装数量。

$$\text{Man}_{i,j,k,n,t} = \sum_{i \in I} \sum_{j \in J} \sum_{k \in K} \text{Dec\_ Man}_{i,j,k,n,t} \tag{2-37}$$

$$\text{Dec\_ Man}_{i,j,t} = \begin{cases} 1, & \text{Dce\_ Man}_{i,j-1,t-1}=1\ \text{且当期未主动退役} \\ 0, & \text{该飞机当期退役} \end{cases} \tag{2-38}$$

$$\text{Man}_{i,j,k,n,t}\ (t=1)\ =\text{Ini\_ Man}_{i,j,k,n,t} \tag{2-39}$$

翻新技术和管理技术的应用范围不应超过可用上限，如式（2－40）和式（2－41）所示。其中，Retro_Bound 和 Man_Bound 分别表示当期翻新技术和管理技术的应用上限。

$$\sum_{i \in I} \sum_{j \in J} \sum_{k \in K} \text{Ini\_ Retro}_{i,j,k,m,t} \leqslant \text{Retro\_ Bound}_{m,t} \tag{2-40}$$

$$\sum_{i \in I} \sum_{j \in J} \sum_{k \in K} \text{Ini\_ Man}_{i,j,k,n,t} \leqslant \text{Man\_ Bound}_{n,t} \tag{2-41}$$

机队构成应当符合连续性假设，即当期年龄为 k 的飞机应等于上期年龄为（k－1）的飞机数量减去当期该年龄主动退役的飞机数量，如式（2－42）所示。

$$\text{Stock}_{i,j,k,t} = \text{Stock}_{i,j,k-1,t-1} - \text{Liqui}_{i,j,k,t}\ (k \neq 0,\ t>1) \tag{2-42}$$

当期年龄为 0 的飞机数量等于当期新购的飞机数量，如式（2－43）所示。

$$\text{Stock}_{i,j,k,t} = \text{Pur}_{i,j,t}\ (k=0) \tag{2-43}$$

式（2－42）和式（2－43）使机队符合连续性假设，各年龄段存量在不同期之间形成数量关系。

机队中新购的飞机不能被主动退役，本书假设年龄为 0（当年新购）和 1（上期购买的飞机）的飞机在当期不能被退役，如式（2－44）和式（2－45）所示。

$$\text{Liqui}_{i,j,k,t}\ (k=0)\ =0 \tag{2-44}$$

$$\text{Liqui}_{i,j,k,t}\ (k=1)\ =0 \tag{2-45}$$

机队运行应满足碳约束，本书旨在分析一定约束下民航实现近零排放目标的最优方案，因此将对每期机队设置排放上限，如式（2－46）所示。

$$\sum_{i \in I} \text{FuelCon}_{i,t} \times \text{EF}_{i,t} \leq \text{Emi\_Bound}_t \tag{2-46}$$

本书设置了最大服务上限，即飞机年龄超过最大服务年限后将自动退役，本书未考虑最大服务时长的影响。除此之外，所有本书涉及的决策变量和过程变量都须满足正整数假设，包括各类机型的购置和退役量及当期各飞机是否采用某技术的 0/1 决策变量等。

## 第七节　交通工具保有量分析模块

各类运输方式依据数据可获得性分别按照交通工具生存规律更迭和交通服务需求量两种方式测算。道路运输和民航运输具备交通工具级别的数据基础，因此采用交通工具生存规律更迭的计算方式。道路运输的保有量测算方法在本章第五节中已详细介绍。民航运输的保有量测算结果主要参考本章第六节的方法和计算结果。

铁路机车保有量和水路运输船队保有量主要依据其承担的客运和货运服务需求及单个交通工具每年可承担的服务需求量计算得来，如式（2-47）所示。其中，MVP 表示铁路和水路运输中各技术路线交通工具保有量，MTO 为该模式承担的运输周转量，SU 为每个交通工具可以承担的服务需求量。

$$\text{MVP}_{r,t} = \frac{\text{MTO}_{r,t}}{\text{SU}_{r,t}} \tag{2-47}$$

## 第八节　中国社会经济发展假设

人口和 GDP 的增长是中国交通部门发展的主要驱动因素。中国 GDP 长期保持快速增长，2020 年中国 GDP 首次超过 100 万亿元，达到 101.6 万亿元，虽然受疫情影响增速放缓，较 2019 年增长 2.3%，但长期来看，中国 GDP 仍将保持一定增长速度。自改革开放以来，中国 GDP 年均增长率为 9.5%，中国经济发展已经由高速发展逐步向高质量发展过渡。不同研究对中国 GDP 的假设差异较大，但整体遵循增速逐渐放缓的发展趋势。第七次全国人口普查结果显示，中国人口规模为 14.1 亿人，2010～2020 年人口共计增加 7205 万人，年均增长率为 0.53%。自计划生育政策实施以来，中国人口增速逐渐进入慢速增长期和平台期。以往研究对中国人口的预测结果差异较大，但基本符合慢速增长过渡到零增长的发展趋势，人口在 2030 年达到峰值并逐步下降。

本书参考交通运输部科学研究院、清华大学能源环境经济研究所和《中国长期低碳发展战略与转型路径研究》综合项目报告编写组等机构的研究成果，对我国未来 GDP 增长率进行预测，如表 2 - 2 所示。中短期内 GDP 增速逐渐下降，2045 年后增长率保持在 3% 左右。本书 GDP 为 2010 年不变价。

表 2 - 2　中国未来 GDP 增长率

| 时期 | GDP 年均增长率（%） |
|---|---|
| 2021~2025 年 | 5.7 |
| 2026~2030 年 | 5.2 |
| 2031~2035 年 | 4.5 |
| 2036~2040 年 | 3.8 |
| 2041~2045 年 | 3.4 |
| 2046~2050 年 | 3.0 |
| 2051~2055 年 | 2.7 |
| 2056~2060 年 | 2.3 |

中国未来人口规模假设如表 2 - 3 所示，中国人口将在 2030 年达到峰值并在之后逐渐下降，2050 年人口总量将为 13.5 亿人，2060 年将为 13.2 亿人。

表 2 - 3　中国未来人口规模

| 年份 | 中国人口总数（亿人） |
|---|---|
| 2025 | 14.3 |
| 2030 | 14.5 |
| 2035 | 14.3 |
| 2040 | 13.9 |
| 2045 | 13.7 |
| 2050 | 13.5 |
| 2055 | 13.3 |
| 2060 | 13.2 |

# 第九节 本章小结

　　本章介绍了本书建立的模型分析框架，就各模块构成、功能、分析框架、计算原理进行了详细介绍。高铁对民航客运替代效应分析模块和民航运输低碳发展路径设计模块的分析结果将成为中国交通部门能源消费量和碳排放测算分析的输入，为中国交通部门能源消费量和碳排放测算提供依据。

# 第三章　电动汽车消费者总拥有
# 成本模型开发与应用

总拥有成本通常指消费者在一定时间内拥有某种物品所需付出的总成本。电动汽车的总拥有成本研究至关重要。一方面，伴随着补贴逐渐退坡和限购政策的放宽，未来新能源汽车将逐渐失去"专项"政策激励，电动汽车的成本缺陷越发凸显；另一方面，未来电动汽车市场发展需要依靠非限购城市消费者，而非限购城市消费者对经济因素更为敏感，同时又缺少限购这一重要政策的激励。两方面原因使电动汽车经济性因素成为电动汽车市场发展的重要影响因素。因此，分析和判断未来新能源汽车总拥有成本趋势具有实际意义。

为了研究不同燃料类型电动汽车在2020~2030年的总拥有成本变化趋势，本书开发了电动汽车消费者总拥有成本模型。本章首先介绍总拥有成本模型的结构；其次，分别阐述模型中各个部分的构成、方法与特点。再次，介绍模型各个部分的主要基础参数和预测参数；最后，针对BEV、PHEV及ICEV三种燃料类型的汽车，分析预测了5年持有期和10年持有期情景下2020~2030年的TCO变化趋势。本章还同时包含了不同激励政策对模型结果的影响分析以及对主要参数的敏感性分析。

## 第一节　TCO 模型开发

本书中的总拥有成本模型主要包含四个子模块，分别为车辆成本 $C_V$、使用成本 $C_O$、替代成本 $C_A$、政策成本/收益 $C_P$。

模型按照已有对系统/燃料成本变化的预测数据，结合消费者使用行为和政策趋势，考虑不同车辆类型，通过现金流折现的方法计算 BEV、PHEV 和 ICEV 的成本平衡点，比较三者的成本趋势，同时对不同影响因素进行敏感性分析，包括折现率、电价、油价等。

　　本书中所涵盖的燃料类型包括 BEV、PHEV 及 ICEV，具体不同燃料车型的定义如表 3-1 所示。ICEV 代表传统燃油车，动力来自发动机。PHEV 代表插电式混合动力汽车，其能量来自电网及燃料，具备一定的电动化程度，代表车型有比亚迪·唐、上汽途观 L 等。BEV 代表纯电动汽车，完全依靠电网电力驱动，其电气化程度最高，代表车型包括特斯拉 Model 3、比亚迪·汉等。

　　模型涉及的车型包括轿车和 SUV，其中轿车覆盖了 A00~B 级车，SUV 覆盖了 A0~B 级车。其中，当前各大车企已经不再针对 A00/A0 级轿车和 SUV 开发 PHEV 车型，因此模型仅考虑 A 级和 B 级的 PHEV。此处的车型等级主要是按照德系车分类标准进行区分。

表 3-1　模型中所涉及的不同燃料类型车辆定义

| | ICEV | PHEV | BEV |
| --- | --- | --- | --- |
| 电动化程度 | 无电动化 | 高电动化 | 完全电动化 |
| 主要动力来源 | 发动机 | 电机 | 电机 |
| 电里程（公里） | 0 | 40~100 | 200~600 |

　　与已有研究相比，本模型不仅考虑了货币成本，同时考虑了非货币成本以及消费者用车习惯对其总拥有成本的影响，如图 3-1 所示。其中，非货币成本主要为替代交通成本，车主用车特征主要体现在其充电习惯和替代交通的选择上。车主用车特征数据来自第二章中中国电动汽车消费者调查问卷的结果。

　　模型考虑到了电动汽车的使用寿命问题，因此本模型分别计算了 5 年持有期和 10 年持有期的情况。由于不同消费者群体的用车习惯和偏好不同，因此 10 年持有期情景包含了两种情况——增加电池更换成本和不增加这部分成本，以代表不同消费者使用情况下 EV 的 TCO 变化情况。

　　模型具体的计算方法如式（3-1）所示。

$$TCO = C_V + C_O + C_P + C_A \tag{3-1}$$

　　其中，$C_V$ 指车辆成本，包括购置成本及残值；$C_O$ 指使用成本，包括维修保养费用、保险费用和燃料成本；$C_A$ 指替代交通成本，代表当电动汽车无法满足消费者出行需求时产生的成本；$C_P$ 指政策相关的成本和补贴，包括税费、补贴及碳价等。

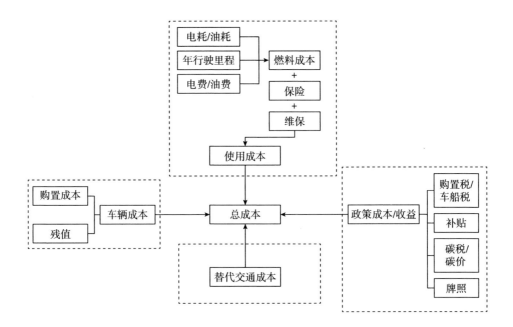

图 3-1　电动汽车总拥有成本模型结构

## 一、车辆成本

不同研究者对于车辆购置成本的计算方法有所不同，具体分为两种：根据市场价格计算和根据系统建模的方法计算。由于当前普遍使用的系统建模方法多为国外研究者提出的，模型相关参数尚未本土化，计算出来的结果与国内汽车销售价格具有一定偏差，因此本书选择以市场价格为基础计算车辆的购置成本。

通过收集当前市场上主要的 BEV、PHEV 和 ICEV 车型，计算每种细分车型的平均售价，可以确定车辆的基础购置成本参数。结合车辆不同组成部分未来成本的变化趋势，模型可以得到未来车辆成本的预测值。本模型中车辆成本包括车辆购置成本及车辆残值。某燃料类型车型在第 n 年的车辆成本计算方法如式（3-2）所示。

$$C_v = C_{pr} + \frac{C_{rv}}{(1+r)^n} \tag{3-2}$$

其中，$C_{pr}$ 等于车辆第 n 年的购置成本，$C_{rv}$ 为车辆残值，r 为折现率，n 为持有期。不同的研究者采用了不同的折现率参数，模型中采用 5% 作为基础折现率。

车辆残值 $C_{rv}$ 指所购买的汽车在持有期结束后的市场价格，可以通过该车型在二手车市场的售卖价格确定。本 TCO 模型中车辆残值等于其购置成本乘以残值率。不同车型、不同燃料类型的残值率有所不同。具体的残值计算方法如式（3 - 3）所示。其中，$R_{rv}$ 为某款车型初始年的基础残值率，m 为该类车型的总车型数量。

$$C_{rv} = C_{pr} \times \frac{\sum R_{rv}}{m} \tag{3 - 3}$$

$C_{pr}$ 的计算方法因燃料类型的不同有所不同，下面分别对 BEV、PHEV 和 ICEV 的 $C_{pr}$ 计算方法进行介绍。

1. BEV

针对 BEV 的第 n 年购车成本 $C_{pr\_BEV}$ 的具体计算方法如式（3 - 4）所示。

$$C_{pr\_BEV} = C_{pr\_BEV\_bat} + \sum C_{pr\_BEV\_averg} \times u_{BEV\_v} \times (1 + t_{BEV\_v})^n \tag{3 - 4}$$

其中，$C_{pr\_BEV\_bat}$ 为第 n 年的 BEV 电池成本；$C_{pr\_BEV\_averg}$ 为该 BEV 车型初始年平均购置成本；$u_{BEV\_v}$ 为 BEV 组成部分 v 的成本占比，其中 v 包括除电池以外的组分（动力系统、汽车电子、其他）；$t_{BEV\_v}$ 为 BEV 其他组分在未来的成本变化速率；n 为年份。

电池成本 $C_{pr\_BEV\_bat}$ 运用自下而上的方法进行估算，第 n 年的电池成本 $C_{pr\_BEV\_bat}$ 计算方法如式（3 - 5）所示。

$$C_{pr\_BEV\_bat} = \frac{C_{BEV\_bat\_averg} \times (1 + t_{bat})^n \times R_{BEV} \times 100}{FE_{BEV} \times (1 + t_{ef})^n} \tag{3 - 5}$$

其中，$C_{pr\_BEV\_bat}$ 指某年某 BEV 车型的电池成本，$C_{BEV\_bat\_averg}$ 为该 BEV 车型的初始年平均电池度电成本，$R_{BEV}$ 为该车型在模型中所设定的续驶里程，$FE_{BEV}$ 为该 BEV 车型的初始年平均百公里电耗，$t_{bat}$ 为电池成本下降速度，$t_{ef}$ 为电耗下降速度，n 为年份。在 10 年持有期情景下，电池成本模块增加替换电池成本。

一般而言，在计算电池容量时不能简单使用续驶里程乘以百公里电耗的方式，由于电池一致性问题，电池的充放电水平无法达到 100% 和 0%，至少应各留 5% 余量，因此用该计算方式时需要把电池成本放大 10%。然而，本模型中所使用的百公里电耗并非车企所公布的标称电耗，而是通过所选车型的电池装机容量除以车型续驶里程得来。因此，模型中所使用的百公里电耗参数已经考虑到了电池充放电水平的问题，无须再次对电池成本进行处理。

2. PHEV

PHEV 第 n 年的购置成本 $C_{pr\_PHEV}$ 的具体计算方法如式（3 - 6）所示。

$$C_{v\_PHEV} = C_{pr\_PHEV\_bat} + C_{PHEV\_powersystem} \times (1 + t_{PHEV\_ps})^n + C_{PHEV\_xcloud} \times$$
$$(1 + t_{PHEV\_xcloud})^n \qquad (3-6)$$

其中，$C_{pr\_PHEV\_bat}$ 为 PHEV 电池成本，$C_{PHEV\_powersystem}$ 为 PHEV 初始年动力系统成本，$C_{PHEV\_xcloud}$ 为 PHEV 初始年除动力系统及电池以外的成本，$t_{PHEV\_ps}$ 为 PHEV 动力系统成本变化速率，$t_{PHEV\_xcloud}$ 为 PHEV 除动力系统及电池以外其他成本的变化速率，n 为年份。

PHEV 电池成本的计算方法与 BEV 相同，具体如式（3-7）所示。

$$C_{pr\_PHEV\_bat} = \frac{C_{PHEV\_bat\_averg} \times (1 + t_{bat})^n \times R_{PHEV} \times 100}{FE_{PHEV} \times (1 + t_{ef})^n} \qquad (3-7)$$

其中，$C_{pr\_PHEV\_bat}$ 指某年某 PHEV 车型的电池成本，$C_{PHEV\_bat\_averg}$ 为该 PHEV 车型的初始年平均电池度电成本，$R_{PHEV}$ 为该车型在模型中所设定的续驶里程，$FE_{PHEV}$ 为该 PHEV 车型的初始年平均百公里电耗，$t_{bat}$ 为电池成本下降速度，$t_{ef}$ 为电耗下降速度，n 为年份。10 年持有期情景下，电池成本模块增加替换电池成本。

3. ICEV

针对 ICEV 的第 n 年购置成本 $C_{pr\_ICEV}$ 的具体计算方法如式（3-8）所示。

$$C_{pr\_ICEV} = \sum C_{pr\_ICEV\_averg} \times u_{ICEV\_v} \times (1 + t_{ICEV\_v})^n \qquad (3-8)$$

其中，$C_{pr\_ICEV\_averg}$ 为初始年 ICEV 车辆成本；$u_{ICEV\_v}$ 为 ICEV 组成部分 v 的成本占比，其中 v 包括动力系统、汽车电子和其他；$t_{ICEV\_v}$ 为 ICEV 其他组分在未来的成本变化速率；n 为年份。

## 二、使用成本

模型中考虑的使用成本主要为燃料成本和维修保养成本。保险成本等其他成本由于金额较小，对模型结果的影响较小，且不同的消费者在这类成本上的花费上有所不同，因此并未考虑在模型当中。本模块具体的计算方法如式（3-9）所示。

$$C_O = C_{fuel} + C_{maintnce} \qquad (3-9)$$

其中，$C_{fuel}$ 代表燃料成本，$C_{maintnce}$ 代表年维修保养的成本。不同燃料类型车型的燃料成本和维修保养成本计算方式有所不同，下面分别对 BEV、PHEV 和 ICEV 的使用成本具体计算方式进行介绍。

1. BEV

以往的研究较少考虑消费者用车习惯对用车成本的影响，并未从消费者的角度考虑其电动汽车的总拥有成本。本模型将问卷调查中对电动汽车车主充电习惯的调研结果与用电成本相结合，得到了更为真实的我国电动汽车车主用电成本。某年某 BEV 车型的燃料成本具体计算方法如式（3 - 10）所示。

$$C_{fuel\_BEV} = \sum P_{charge\_type} \times C_{charge\_type} \times FE_{BEV} \times \frac{Dtce}{(1 + r)^n \times 100} \times (1 + t_e)^n$$

$$(3 - 10)$$

其中，$P_{charge\_type}$ 代表某种充电方式的概率，$C_{charge\_type}$ 代表某种充电方式的成本，Dtce 代表年出行里程，$FE_{BEV}$ 为该 BEV 车型的百公里电耗，r 代表折现率，n 代表年份。

BEV 的电耗 $FE_{BEV}$ 的具体计算方法如式（3 - 11）所示。

$$FE_{BEV} = \frac{BC \times 100}{R_{BEV}} \times A \qquad (3 - 11)$$

其中，BC 代表车型电池容量，$R_{BEV}$ 代表 BEV 的续驶里程，A 代表电耗乘数。由于当前我国对单车电耗的测量方式与实际行驶过程有一定差异，实际电耗往往高于单车电耗，因此本书为获得更贴近实际工况的电耗，将所获得的电耗基础值乘以电耗乘数，获得实际电耗。

BEV 车主的维保成本 $C_{maintnce}$ 的具体计算方法如式（3 - 12）所示。

$$C_{maintnce} = \frac{(\sum P_{maintnce} \times C_{maintnce}) \times T_{maintnce}}{(1 + r)^n} \qquad (3 - 12)$$

其中，$P_{maintnce}$ 代表受访车主单次维修成本在某一价格区间的概率，$C_{maintnce}$ 为这一价格区间的中位数，$T_{maintnce}$ 为每年维修的次数，r 代表折现率，n 代表年份。

2. PHEV

PHEV 的燃料成本计算方法与 BEV 有所不同。根据能量来源的不同，PHEV 行驶过程可以划分为电力来自于外接电源阶段和能量来自于车载燃料箱的阶段。因此 PHEV 使用成本包括电网用电及汽柴油成本，具体计算方法如式（3 - 13）所示。

$$C_{fuel\_PHEV} = ED \times FE_{e\_PHEV} \times FP_e \times (1 + t_e)^n \times \frac{Dtce}{(1 + r)^n \times 100} + (1 - ED) \times$$

$$FE_{f\_PHEV} \times FP_f \times (1 + t_f)^n \times \frac{Dtce}{(1 + r)^n \times 100} \qquad (3 - 13)$$

其中，ED 代表 PHEV 行驶过程中电网电力供能里程的比例，$FE_{e\_PHEV}$ 代表该 PHEV 的百公里电耗，$FE_{f\_PHEV}$ 代表其百公里油耗，$FP_f$ 代表油价，$FP_e$ 代表电价，Dtce 代表年行驶里程，$t_e$ 代表电价变化率，$t_f$ 代表油价变化率，r 代表折现率，n

代表年份。

PHEV 的百公里油耗 $FE_{f\_PHEV}$ 是基于所选车型的标称油耗进行计算的。当前我国 PHEV 标称油耗的具体计算方法如式（3-14）所示。

$$FE_{f\_PHEV\_offical} = \frac{25 \times FE_{f\_PHEV\_real}}{25 + R_{PHEV\_e}} \qquad (3-14)$$

其中，$R_{PHEV\_e}$ 代表 PHEV 的纯电续驶里程，$FE_{f\_PHEV\_offical}$ 代表 PHEV 标称油耗，$FE_{f\_PHEV\_real}$ 代表 PHEV 实际油耗，25 公里为纯电续驶里程部分。根据这一公式可以计算出 PHEV 实际的油耗水平 $FE_{f\_PHEV\_real}$。本模型中使用的 PHEV 标称油耗为所选取车型的平均标称油耗。

PHEV 的百公里电耗 $FE_{e\_PHEV}$ 计算方法与 BEV 相同，如式（3-15）所示。其中，BC 代表该 PHEV 车型的电池容量，$R_{PHEV\_e}$ 代表 PHEV 的纯电续驶里程，A 为电耗乘数。

$$FE_{e\_PHEV} = \frac{BC \times 100}{R_{PHEV\_e}} \times A \qquad (3-15)$$

3. ICEV

ICEV 的燃料成本计算方式较为简单，具体计算方法如式（3-16）所示。

$$C_{fuel\_ICEV} = \frac{FE_{ICEV} \times Dtce \times FP_f \times (1 + t_f)^n}{(1 + r)^n \times 100} \qquad (3-16)$$

其中，$FE_{ICEV}$ 代表 ICEV 的百公里油耗，Dtce 代表年行驶里程，$FP_f$ 代表油价，$t_f$ 代表油价变化率，r 代表折现率，n 代表年份。

考虑到 ICEV 的实际油耗与标称油耗有一定差异，因此对 ICEV 百公里油耗进行了乘数处理，具体计算方法如式（3-17）所示。其中，$FE_{f\_PHEV\_offical}$ 为厂家公布的标称百公里油耗，K 为油耗乘数。

$$FE_{f\_ICEV} = FE_{f\_PHEV\_offical} \times K \qquad (3-17)$$

## 三、替代交通成本

当前电动汽车续驶里程与燃油车续驶里程仍有一定差距，且存在充电时间较长、充电基础设施有限等问题，因此电动汽车车主在使用时，可能会出现电动汽车没有电、存在故障导致其需要更换出行方式的情况。本书在问卷调查中增加了对消费者替代交通偏好的调研，同时在模型中增加了替代交通成本模块以衡量这一部分额外成本对电动汽车车主的总拥有成本及平价时间的影响。

替代交通成本 $C_A$ 模块仅针对 BEV 车主，模型假设 PHEV 和 ICEV 车主不存在车辆无法满足出行需求的情况。根据受访车主的电动汽车无法满足其出行需的频次、在此情况下受访者替代交通工具的选择情况以及不同交通方式的出行成本，可以得到 BEV 车主的替代交通成本。BEV 车主某年替代交通成本具体计算方法如式（3-18）所示。

$$C_A = \frac{\sum NE_{unstatisfied} \times \sum P_{traveltype} \times \sum C_{traveltype} \times Dtce_{traveltype}}{(1+r)^n} \qquad (3-18)$$

其中，$NE_{unstatisfied}$ 代表了出行需求未被满足的次数，$P_{traveltype}$ 代表了在出行需求不被满足时选择某种出行方式的概率，$C_{traveltype}$ 为该种替代出行方式的单位公里成本，$Dtce_{traveltype}$ 为单次出行里程，等于式（3-10）中所示的年出行里程除以全年天数，本模型中设定天数为 365 天，r 代表折现率，n 代表年份。

**四、政策成本/收益**

模型中所包含的政策成本/收益 $C_p$ 包括购置税、车船税和购置补贴。具体的计算方法如式（3-19）所示。其中，$P_{type}$ 为某年某种政策的成本/收益，r 代表折现率，n 代表年份。

$$C_p = \frac{\sum P_{type}}{(1+r)^n} \qquad (3-19)$$

# 第二节　车辆成本参数

**一、基础参数**

1. BEV

BEV 车辆成本模型中涉及的基础参数主要包括 BEV 初始年的平均购置成本 $C_{pur\_BEV\_averg}$、BEV 各组分成本占比 $u_{BEV\_v}$、残值率 $R_{rv}$、初始年平均电池度电成本 $C_{BEV\_bat\_averg}$、初始年平均百公里电耗 $EF_{BEV}$ 和 BEV 车型在模型中所设定的续驶里程 $R_{BEV}$。

BEV 初始年的平均购置成本 $C_{pur\_BEV\_averg}$、各组分成本占比 $u_{BEV\_v}$ 和 BEV 的残值率 $R_{rv}$ 主要来自当前市场上的 BEV 车型数据，具体的参数取值参见图 3-2 和表 3-2。本书共调研了 25 款 BEV，覆盖了市场上大部分 BEV 车型（截至 2020 年 3 月）。考虑到进口车和合资品牌成本构成中品牌溢价等其他隐形成本较高，因此并未涵盖在车型范围中。通过收集这 25 款车型的各项参数，可得到不同车型的 BEV 初始年的平均购置成本 $C_{pur\_BEV\_averg}$。同时，根据汽车之家的 BEV 成本结构比例最终获得了不同级别车型不同组成部分的成本占比 $u_{BEV\_v}$。残值率 $R_{rv}$ 来自汽车之家中的实际二手车售卖数据和残值率，模型参考了汽车之家 5 年和 10 年残值率。

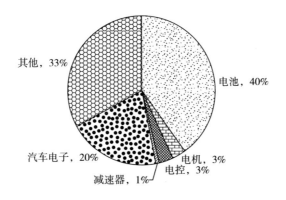

**图 3-2　BEV 成本结构**

资料来源：汽车之家。

**表 3-2　BEV 购置成本基础参数**

|  | 轿车 | | | | SUV | | |
|---|---|---|---|---|---|---|---|
|  | A00 | A0 | A | B | A0 | A | B |
| 调研车型数量（辆） | 4 | 2 | 9 | 2 | 4 | 2 | 2 |
| 平均购置成本（万元） | 5.7 | 7.3 | 13.4 | 17.5 | 10.8 | 17.5 | 24.0 |
| 所选车型平均动力系统成本（元） | 3960 | 5121 | 9347 | 12229 | 7579 | 12240 | 16783 |
| 电机成本（元） | 1584 | 2048 | 3739 | 4892 | 3032 | 4896 | 6713 |
| 电控成本（元） | 1584 | 2048 | 3739 | 4892 | 3032 | 4896 | 6713 |
| 减速器成本（元） | 792 | 1024 | 1869 | 2446 | 1516 | 2448 | 3357 |
| 汽车电子成本（万元） | 1.13 | 1.46 | 2.67 | 3.49 | 2.17 | 3.50 | 4.80 |
| 其他成本（万元） | 1.87 | 2.41 | 4.41 | 5.77 | 3.57 | 5.77 | 7.91 |
| 五年残值率（%） | 25 | 24 | 26 | 36 | 42 | 39 | 41 |
| 十年残值率（%） | 12 | 11 | 12 | 17 | 20 | 20 | 16 |

电池度电成本 $C_{BEV\_bat\_averg}$ 以及年平均百公里电耗 $EF_{BEV}$ 是在所选车型参数基础上进行相关处理后计算得到。基于技术发展趋势以及消费者的需求，模型对不同

车型的续驶里程 $R_{BEV}$ 进行了设定。以上三类基础参数的具体设定见表 3-3。其中，度电成本 $C_{BEV\_bat\_averg}$ 取决于制造工艺、电池包大小、电池技术、电池管理设计等。在本模型中，度电成本通过所选车型的平均电池成本除以平均带电量得到，所得到的成本参数更贴近实际成本。其中，根据所选车型计算出的 A0 级 SUV 的电池平均度电成本仅为 810 元，与实际情况有所偏差，因此在计算时采用 1000 元作为该车型度电成本。百公里电耗的计算则是通过所选车型的平均电池容量除以平均 NEDC 续驶里程得到。

表 3-3　BEV 购置成本基础年参数——电池

| | 轿车 | | | | SUV | | |
| --- | --- | --- | --- | --- | --- | --- | --- |
| | A00 | A0 | A | B | A0 | A | B |
| 所选车型平均度电成本（元） | 780 | 958 | 1039 | 1090 | 810 | 1157 | 1158 |
| 所选车型平均续驶里程（公里） | 277 | 252 | 409 | 428 | 408 | 410 | 512 |
| 所选车型平均百公里耗电量（千瓦时） | 11 | 12 | 13 | 15 | 13 | 15 | 16 |
| 模型设定电池技术类型 | LFP | LFP | NCM | NCM | NCM | NCM | NCM |
| 模型设定续驶里程 | 300 | 400 | 500 | 600 | 400 | 500 | 600 |

**2. PHEV**

PHEV 车辆成本模型中涉及的基础参数主要包括 PHEV 车型在模型中所设定的续驶里程 $R_{PHEV}$、PHEV 初始年动力系统成本 $C_{PHEV\_powersystem}$、PHEV 初始年除动力系统及电池以外的成本 $C_{PHEV\_xcloud}$、某 PHEV 车型的初始年平均电池度电成本 $C_{PHEV\_bat\_averg}$ 以及 PHEV 车型的初始年平均百公里电耗 $EF_{PHEV}$。

PHEV 车型在模型中所设定的续驶里程 $R_{PHEV}$ 基于模型对未来 PHEV 纯电里程的预期值。在本模型中，A 级轿车的 PHEV 纯电里程设定为 80 公里，其余设定为 100 公里。除动力系统及电池以外的其他车辆成本与 BEV 成本相同。

PHEV 的动力系统成本 $C_{PHEV\_powersystem}$ 通过专家调研的方法获得，具体类型、组分、成本以及对应 PHEV 车型如表 3-4、表 3-5 所示。考虑到不同车企对 PHEV 的设计策略有所不同，模型中所使用的 PHEV 轿车动力系统成本 $C_{PHEV\_powersystem}$ 为两类主流 PHEV 动力系统成本的平均值。由于本模型所使用的基础年份车辆成本参数均为销售价格，因此在最终计算中增加了 13% 的增值税、10% 的厂商利润和 10% 的折旧摊销等其他成本。B 级轿车、A 级及 B 级 SUV 的动力系统成本等于 A 级轿车动力系统成本乘以某一特定比例。该比例等于该车型平均基础年购置成本相对 A 级轿车基础年购置成本的比例。本书调研了当前市场上主要的 PHEV 车型共款作为基础数据来源，并剔除了豪华车和非国产品牌的车型，具体成本参数及模型参数设定如表 3-5 所示。

**表 3-4　A 级 PHEV 轿车不同动力系统组成及成本（制造成本）**

| 类型 | 双电机串并联 | 单电机并联 |
|---|---|---|
| 主要组成部分 | 发动机 1.5T、120kW | 发动机 1.5T、120kW |
| | 部分功率发电机和控制器 80kW | 部分功率电机和控制器 80kW |
| | 驱动电机和减速器 130kW | 7 速 DCT |
| | 燃油系统和发动机后处理 | 燃油系统和发动机后处理 |
| 成本（不含增值税）（元） | 31000 | 31000 |

**表 3-5　PHEV 车辆成本基础参数及模型设定**

| | 轿车 | | SUV | |
|---|---|---|---|---|
| | A | B | A | B |
| 调研车型数量（辆） | 7 | 2 | 7 | 5 |
| 平均购置成本（万元） | 15.1 | 20.2 | 18.7 | 25.5 |
| 续驶里程设定（公里） | 80 | 100 | 80 | 100 |
| 基础年电池度电成本（元） | 1039.3 | 1090.0 | 1157.0 | 1158.2 |
| 动力系统成本比例系数 | 1.0 | 1.3 | 1.2 | 1.7 |
| 基础年动力系统成本（万元） | 4.2 | 5.7 | 5.2 | 7.2 |
| 基础年其他成本（万元） | 5.1 | 6.3 | 6.5 | 9.2 |
| 第 5 年残值率（%） | 37 | 34 | 41 | 44 |
| 第 10 年残值率（%） | 17 | 16 | 19 | 21 |

　　PHEV 初始年除动力系统及电池以外的成本 $C_{PHEV\_xcloud}$ 和初始年平均电池度电成本 $C_{PHEV\_bat\_averg}$ 分别参考了 ICEV 和 BEV 的成本参数。当前 PHEV 主要由 ICEV 车型改造而来，因此本书认为 $C_{PHEV\_xcloud}$ 等于 $C_{ICEV\_xcloud}$（包括汽车电子、车身、底盘等）。$C_{PHEV\_bat\_averg}$ 则参考了 BEV 基础年电池度电成本 $C_{BEV\_bat\_averg}$。BEV 是能量型电池，PHEV 是能量功率兼顾型电池，其充放电功率大，单位能量成本高。若 PHEV 的纯电里程较长，所装电池容量在 20 度电以上，则能量型电池可以满足 PHEV 需求，反之则必须用能量功率兼顾型电池。根据本模型对 PHEV 车型的纯电里程设置，B 级 SUV 的电池成本等于相应 BEV 电池度电成本，而其余车型

电池成本为相应 BEV 电池度电成本的 1.5 倍。

3. ICEV

ICEV 车辆成本模型中涉及的基础参数主要包括残值率 $R_{rv}$、初始年 ICEV 车辆成本 $C_{pr\_ICEV\_averg}$ 以及 ICEV 组成部分 v 的成本占比 $u_{ICEV\_v}$。以上三类参数均来自当前在市场上售卖的 ICEV 车型数据。

由于当前我国大部分车企所推出的新能源汽车多由燃油车改装而成，部分 BEV 和大部分 PHEV 车型均存在对应的 ICEV 版本，因此通过收集与 BEV 和 PHEV 对应的 ICEV 车型，可以获得更具有可比性的 ICEV 基础成本参数 $C_{pr\_ICEV\_averg}$。模型所收集的 ICEV 车型参数数据来自汽车之家网站上的车企官方数据。本模型的 ICEV 成本结构参数 $u_{ICEV\_v}$ 同样来自汽车之家的数据，成本结构如图 3 - 3 所示。

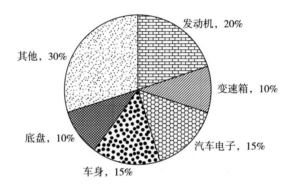

图 3 - 3　ICEV 成本结构

ICEV 的残值 $R_{rv}$ 来自汽车之家中各车型的残值率数据，包括 5 年残值率和 10 年残值率。通过对分车型残值率进行平均，可以得到每种车型的平均 5 年残值率以及 10 年残值率。模型共收集 26 款 ICEV 车型的参数数据，每种 ICEV 车型的具体 $R_{rv}$、$C_{pr\_ICEV\_averg}$ 参数取值如表 3 - 6 所示。

表 3 - 6　ICEV 车辆成本基础参数

|  | 轿车 | | | | SUV | | |
|---|---|---|---|---|---|---|---|
|  | A00 | A0 | A | B | A0 | A | B |
| 调研车型数量 | 1 | 2 | 6 | 3 | 7 | 5 | 2 |
| 平均购置成本（万元） | 4.1 | 4.9 | 7.3 | 9.0 | 6.2 | 9.3 | 13.1 |

| | 轿车 | | | | SUV | | |
| --- | --- | --- | --- | --- | --- | --- | --- |
| | A00 | A0 | A | B | A0 | A | B |
| 发动机（万元） | 0.8 | 1.0 | 1.5 | 2.8 | 1.3 | 1.8 | 2.2 |
| 变速箱（万元） | 0.4 | 0.5 | 0.7 | 1.4 | 0.6 | 0.9 | 1.1 |
| 汽车电子（万元） | 0.6 | 0.7 | 1.1 | 2.1 | 1.0 | 1.4 | 1.7 |
| 车身（万元） | 0.6 | 0.7 | 1.1 | 2.1 | 1.0 | 1.4 | 1.7 |
| 底盘（万元） | 0.4 | 0.5 | 0.7 | 1.4 | 0.6 | 0.9 | 1.1 |
| 其他（万元） | 1.2 | 1.5 | 2.2 | 4.2 | 1.9 | 2.8 | 3.4 |
| 第5年残值率（%） | 38 | 45 | 42 | 39 | 44 | 40 | 48 |
| 第10年残值率（%） | 18 | 11 | 19 | 17 | 20 | 18 | 22 |

### 二、预测参数

**1. 动力电池成本下降参数 $t_{bat}$**

PHEV 和 BEV 均包含动力电池模块，动力电池成本是 BEV 的主要成本。动力电池成本的下降主要依赖于更具性价比的材料体系（高镍三元、磷酸铁锂等）、更低的物料价格、更精简的电池设计（如宁德时代 Cell to Pack 技术、比亚迪刀片电池技术等）、工艺改进（提升材料利用率、良品率）以及设备改进（提升自动化水平、减少设备投入、降低故障率等）。根据彭博新能源财经发布的年度报告，2010～2019 年，从电池组整体来看，锂离子电池的价格已经从 1100 美元/千瓦时降低到了 156 美元/千瓦时，降幅高达 87%。2025 年锂电池组的平均成本可降至 100 美元/千瓦时，2030 年将降至 70 美元/千瓦时。根据中国电动汽车百人会的数据，我国三元锂电池度电成本已由 2005 年的 5 元/瓦时下降到了 2019 年的 1 元/瓦时（不含税）。

模型收集了不同研究报告对未来三元锂电池度电成本的预测，对不同下降速率来源进行了平均，得到了 2020～2025 年以及 2025～2030 年的下降速率平均数，具体参数如表 3－7 所示。模型假设磷酸铁锂电池的成本下降趋势与三元锂电池相同。

模型分别模拟了消费者的两种购车和用车习惯：假设第一类消费者车辆使用年限为 5 年；第二类消费者用车时间较长，约为 10 年。当前磷酸铁锂循环寿命在 3000～4000 次，三元电池寿命相对较短，在 1000～2000 次，均可以满足消费者 10 年以上的使用年限。然而，考虑到动力电池在使用过一段时间后会出现衰减的问题，导致加速性能变差、续航里程变短等，无法满足消费者的需求，因此模型假设当消费者持有电池时间较长时，会在持有期中进行电池更换。模型在10年持有期的情况下假设消费者将会在第六年更换电池，并在模型结果中增加替换电池成本。模型假设2030年后电池成本维持不变，2026～2030年购买的BEV的替换电池成本与2025年持平。

表3-7　三元锂电池成本下降参数

| 来源 | 年均下降速度（％） | 起始年份 | 终止年份 | 起始成本（元/千瓦时） | 终止成本（元/千瓦时） |
|---|---|---|---|---|---|
| 赛迪智库2018 | 10 | 2018 | 2025 | 1200 | 600 |
| 中国电动汽车百人会 | 6 | 2019 | 2025 | 1000 | 700 |
| BNEF | 10 | 2017 | 2025 | 1463 | 672 |
| | 7 | 2025 | 2030 | 672 | 490 |
| 模型设定的2019～2025年电池成本平均下降速率（％） | 9 | | | | |
| 模型设定的2025～2030年电池成本平均下降速率（％） | 7 | | | | |

2. 动力系统成本变化参数

BEV动力系统主要包含电机、电控和减速器，其动力系统成本变化率的取值来自UBS 2017年的报告。UBS在报告中对Chevy Bolt的动力系统进行了拆分，并分别对不提供组分的成本在2025年的成本水平进行了预测。其中，电机的成本下降速率较快，主要是由于电机技术难度较低，且伴随着国产化率的不断提升，其成本将会逐年下降。根据UBS的报告，其他组分的成本下降速率在10％～25％，本模型选取平均值作为模型参数。不同动力系统组成部分的下降速率设定如表3-8所示。

表3-8　BEV动力系统成本年均下降速率　　　　单位:%

| 组分 | 年均下降速率（2020～2030年） |
|---|---|
| 电机 | 2.8 |
| 电控 | 2.4 |
| 减速器 | 2.4 |
| 汽车电子 | 0.0 |

当前对 EV 动力系统成本变化趋势的研究较少，研究时间较早，无法代表当前的动力系统成本下降趋势，同时大部分研究中没有对动力系统成本下降速率进行详细的解释。UBS 的报告研究年份较新，对零部件成本的拆解较为细致。近几年对 EV TCO 的研究大多参考了 UBS 的数据，因此本模型中的预测参数设置主要参考了 UBS 的结果。

$t_{ICEV\_v}$ 为 ICEV 其他组分在未来的成本变化速率。ICEV 动力系统部分包括发动机以及变速箱。由于未来政策对排放标准将会更加严格，因此预计未来发动机成本将进一步提高。通过文献调研，本书采用了 Wu 等（2015）对发动机的成本预测数据，每年增长 0.7%。考虑到其他变速箱的技术较为成熟，成本较为稳定，因此预计未来十年内其成本不变。

PHEV 动力系统成本下降速率 $t_{PHEV\_ps}$ 参考了 BEV 动力系统的下降速率。模型中这一下降速率等于 BEV 电机、电控及减速器的成本下降速率平均值。

3. 汽车电子

除动力系统外，汽车电子是车辆成本中重要的组成部分。模型对三种不同燃料类型车辆的汽车电子成本（不包括电驱动系统电控部分）下降速率设定为 0，这主要是考虑到未来随着电动汽车逐渐向智能化、网联化发展，其单车成本将进一步提高。另外，随着我国汽车电子国产化率的逐步提高，材料成本和制造成本将有所降低。综合两方面因素，预计未来汽车电子的成本变化趋势将持平。

4. 其他成本

考虑到其他车辆成本的制造工艺较为成熟，成本下降空间较小，因此模型认为其他成本（例如车身、底盘等）在未来保持不变。

# 第三节　使用成本参数

## 一、基础参数

### 1. BEV

BEV 使用成本参数包括燃料成本相关参数和维修保养成本相关参数。其中，燃料成本相关参数包括某种充电方式的概率 $P_{charge\_type}$、某种充电方式的成本 $C_{charge\_type}$、年出行里程 Dtce、BEV 车型的电池容量 BC、BEV 的续驶里程 $R_{BEV}$ 和电耗乘数 A。维修保养成本相关参数包括受访车主单次维修成本在某一价格区间的概率 $P_{maintnce}$、维修成本 $C_{maintnce}$ 及每年维修的次数 $T_{maintnce}$。

某种充电方式的概率 $P_{charge\_type}$ 根据第二章中调查问卷的结果确定，如图 3-4 所示。不同充电方式成本 $C_{charge\_type}$ 通过调研我国主要城市的工业和居民电价以及充电服务费用确定。已有研究选取电价一般为全国平均电价，并未区分公共充电桩成本、私人充电桩成本以及专用充电桩成本。本书调研了我国主要城市的工业和居民部门在不同时段的用电成本，统计的主要城市包括北京、上海、广州，最终得到的不同充电桩用电成本如表 3-9 所示。

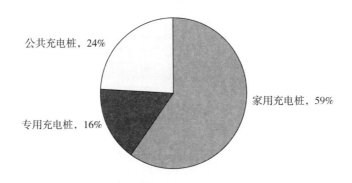

**图 3-4　电动汽车车主充电桩使用情况**

注：图中数据因四舍五入，加总不到 100%。

**表 3-9　全国不同充电设施平均充电费用**

|  | 北京 | 上海 | 广州 | 平均 |
|---|---|---|---|---|
| 家用充电桩充电费用（元/千瓦时） | 0.6 | 0.4 | 0.7 | 0.6 |
| 专用充电桩充电费用（元/千瓦时） | 0.8 | 0.9 | 0.8 | 0.8 |
| 公共充电桩充电费用（元/千瓦时） | 1.6 | 2.5 | 1.8 | 2.0 |

BEV 的年出行里程 Dtce 来自 ICET 2018 中国乘用车实际道路行驶与油耗分析年度报告。该报告采用的是智驾行 APP（由北京智驾出行科技有限公司开发）的 2017 年不同车型的年行驶里程数据。具体的参数如表 3-10 所示。其中，模型考虑到了 BEV 车主可能存在的出行需求无法满足的情况，因此 BEV 车主的年行驶里程较 ICEV/PHEV 车主低。

表 3 – 10　不同车型年行驶里程

| | 轿车 | | | | SUV | | |
| --- | --- | --- | --- | --- | --- | --- | --- |
| | A00 | A0 | A | B | A0 | A | B |
| ICEV/PHEV 年行驶里程（公里） | 11905 | 16871 | 16599 | 16735 | 15442 | 15034 | 15646 |
| BEV 年行驶里程（公里） | 11534 | 16346 | 16082 | 16214 | 14962 | 14566 | 15159 |

　　BEV 车型的电池容量 BC、BEV 的续驶里程 $R_{BEV}$ 均来自所选车型的车型参数。电耗乘数 A 通过已有研究确定。根据 Hao Xu（2020）的研究结论，BEV 私家车实际电耗约为 NEDC 电耗的 1.1 倍。电池容量以及续驶里程的具体参数如表 3 – 11 所示。

表 3 – 11　BEV 使用成本相关参数

| | 轿车 | | | | SUV | | |
| --- | --- | --- | --- | --- | --- | --- | --- |
| | A00 | A0 | A | B | A0 | A | B |
| 百公里耗电量（千瓦时） | 11 | 12 | 13 | 15 | 13 | 15 | 16 |
| 实际百公里耗电量（千瓦时） | 12 | 13 | 14 | 17 | 14 | 16 | 17 |

　　BEV 单次维修成本在某价格区间的概率 $P_{maintnce}$、单次维修成本 $C_{maintnce}$ 以及每年维修的次数 $T_{maintnce}$ 根据第二章中问卷调查的结果得到。模型估计维修保养频率为 2 次/年，成本为 709 元/年。其中，电动汽车的维修保养成本参数来自问卷调查中对电动汽车车主的调研结果，具体如图 3 – 5 所示。同时，本书参考了当前主流电动汽车的维修保养成本，具体如表 3 – 12 所示。通过对比主流车型及调研结果，模型对年维修保养成本的设定较为合理。由于燃油车单次维修保养的项目较多，因此其成本较高，本模型设定燃油车年维修保养成本为电动汽车的 2 倍，PHEV 与 ICEV 的维修保养成本相同。

表 3 – 12　主流电动汽车维修保养成本

| 车型 | 费用（元/次） |
| --- | --- |
| 知豆 D2 | 220 |
| 荣威 ERX5、比亚迪宋 EV | 200 ~ 250 |
| 腾势 | 500 |

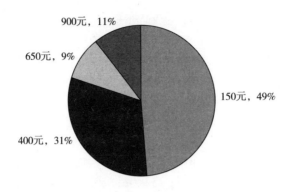

图 3-5 电动汽车单次维修保养成本分布

**2. PHEV**

PHEV 使用成本模块主要包含的参数分别为纯电续驶里程 $R_{PHEV\_e}$、标称油耗 $FE_{f\_PHEV\_offical}$、PHEV 车型的电池容量 BC、年行驶里程 Dtce、电耗乘数 A、电价 $FP_e$、电网用电比例 ED 和油价 $FP_f$。其中，纯电续驶里程 $R_{PHEV\_e}$、标称油耗 $FE_{f\_PHEV\_offical}$ 和 PHEV 电池容量 BC 数据来自所选车型的公开车型参数数据（见表 3-13）。年行驶里程 Dtce 同样来自 ICET 2018 中国乘用车实际道路行驶与油耗分析年度报告。电价 $FP_e$ 和电耗乘数 A 的设定与 BEV 相同。电网用电比例 ED 参考了 Hao 等（2020）的研究，该参数等于 0.54。

表 3-13 PHEV 使用成本相关参数

|  | 轿车 | | SUV | |
| --- | --- | --- | --- | --- |
|  | A | B | A | B |
| 标称油耗（升/100 公里） | 1.4 | 1.4 | 1.5 | 1.8 |
| 实际油耗（升/100 公里） | 6.1 | 6.9 | 7.1 | 9.0 |
| 标称电池容量（千瓦时） | 9.6 | 12.1 | 13.5 | 17.6 |
| 标称电耗（千瓦时/100 公里） | 16.1 | 17.9 | 21.4 | 25.1 |
| 实际电耗（千瓦时/100 公里） | 17.7 | 19.7 | 23.5 | 27.6 |

基础油价 $FP_f$ 通过计算我国 92# 汽油的平均价格得到。国家发展改革委以 22 个工作日为周期对国际油价进行评估，当三地成品油加权平均价格变动幅度超过 4% 时，即调整国内成品油的价格并向社会发布相关价格信息。2019 年我国共调整汽柴油价格 19 次，主要涉及 25 个省份。本模型收集了 2019 年我国各省份公

布的 92# 汽油价格，对其进行平均后得到 2019 年我国 92# 汽油平均价格，即 6.82 元/升。

### 3. ICEV

ICEV 使用成本模块主要包含 ICEV 的百公里油耗 $FE_{ICEV}$、油耗乘数 K、年行驶里程 Dtce 和油价 $FP_f$。ICEV 百公里油耗 $FE_{ICEV}$ 主要是基于所选车型的标称油耗进行计算。由于实际行驶过程中的油耗水平往往比厂家数据更高，因此模型在计算中增加了油耗乘数 K。油耗乘数 K 的取值为 ICEV 2018 年油耗报告中关于实际油耗和标称油耗的比例，具体数据如表 3 - 14 所示。年行驶里程 Dtce 和油价 $FP_f$ 的取值与 PHEV 部分一致。

表 3 - 14　ICEV 基础油耗数据

| | 轿车 | | | | SUV | | |
|---|---|---|---|---|---|---|---|
| | A00 | A0 | A | B | A0 | A | B |
| 平均 NEDC 油耗 | 5.3 | 5.3 | 5.9 | 6.6 | 6.5 | 7.0 | 8.4 |
| 与实际油耗之间的差异（%） | 128 | 128 | 129 | 134 | 130 | 130 | 130 |
| 实际油耗（NEDC 油耗×差异比例） | 6.8 | 6.8 | 7.6 | 8.8 | 8.4 | 9.1 | 10.9 |

### 二、预测参数

#### 1. BEV

BEV 使用成本预测参数主要包括百公里电耗变化速率 $FE_{BEV}$ 和电价变化速率 $FP_e$。考虑到我国居民公共商电价较为稳定，模型假设电价变化速率 $FP_e$ 为 0。

针对百公里电耗变化速率 $FE_{BEV}$ 的预测结合了电动汽车技术发展趋势和国家政策要求。鉴于未来我国将对电动汽车能耗提出更高的要求，模型将未来电耗下降纳入预测当中。2025 年国家规划目标是百公里 12 千瓦时。根据模型对目前市场上主流 BEV 车型的统计，当前 A00 及 A0 级轿车的百公里耗电量已达到这一要求，而其他车型的耗电量则接近这一要求。

考虑到近两年内电动汽车技术尚处于初级阶段，技术发展较快，电耗具有较大下降潜力，预计未来 3~5 年内仍然会有下降趋势。但随着汽车智能化的提升以及消费者对电动汽车加速性能的要求不断提高，未来电耗降低的难度将较大，估计 5 年后电耗将维持在一定水平。模型对电耗下降速率的具体设置如表 3 - 15 所示。

表 3 – 15    电耗下降速率

| 燃料类型 | 车型 | 级别 | 2021～2022 年 | 2023～2025 年 |
|---|---|---|---|---|
| BEV | 轿车 | A00 – A | 0.5 | 0.5 |
| | | B | 1 | |
| | SUV | A0 | 0.5 | |
| | | A – B | 1 | |
| PHEV | 所有车型 | 所有级别 | 1 | |

**2. PHEV**

PHEV 使用成本模块的预测参数包括百公里电耗变化速率 $F_{e\_PHEV}$、电价变化速率 $FP_e$、百公里油耗变化速率 $FE_{f\_PHEV}$ 以及油价变化速率 $FP_f$。PHEV 电耗变化速率 $F_{e\_PHEV}$ 以及电价变化速率 $FP_e$ 与 BEV 相同。

百公里油耗变化速率 $FE_{f\_PHEV}$ 的设置主要考虑了我国第四及第五阶段乘用车燃料消耗量目标。根据政策目标的规定，预计我国乘用车平均燃料消耗量 2020 年达到 5 升/100 公里，2025 年达到 4 升/100 公里。根据这一国家标准，本模型设定 2020～2025 年乘用车油耗下降速率为 4%/年，2025 年后维持在 2025 年水平。

油价变化速率 $FP_f$ 参考了美国能源信息管理局（EIA）对布伦特油价的预测。模型假定我国成品油价格变动趋势与布伦特油价变动趋势相同，即可得到未来油价变动趋势。本模型所使用的布伦特油价预测参数来自 EIA。根据 EIA 2019 年的预测，2020 年布伦特原油价格水平为 64.83 美元/桶。到 2025 年，布伦特原油的平均价格将上涨至 81.73 美元/桶；到 2030 年，世界需求将推动油价达到 92.98 美元/桶；到 2040 年，价格将为 105.16 美元/桶。

**3. ICEV**

ICEV 使用成本模块的预测参数包括百公里油耗变化速率 $FE_f$ 以及油价变化速率 $FP_f$，具体参数设定与 PHEV 使用成本模块的参数设定一致。

# 第四节    替代交通成本参数

替代交通成本模块包含出行需求未被满足的次数 $NE_{unstatisfied}$、出行需求不被满足时选择某种出行方式的概率 $P_{traveltype}$、该种替代出行方式的单位公里成本

$C_{traveltype}$ 以及单次出行里程 $Dtce_{traveltype}$。其中，单次出行里程 $Dtce_{traveltype}$ 等于年出行里程除以全年天数，本模型中设定天数为 365 天，r 代表折现率，n 代表年份。

其余参数根据问卷调研结果确定，具体调研结果如图 3－6、图 3－7 所示，其中可以选择的替代出行方式包括改变出行计划、开家里的汽油车、出租车、公共交通、租车以及其他方式。使用出租车作为替代出行方式的消费者，其出行成本因所在城市的不同而有所不同。本模型中主要考虑了北京、上海、广州、深圳四个一线城市的出租车替代出行成本（见表 3－16），考虑到其余城市的出租车成本较低，因此实际的替代出行平均成本比该成本水平略低。租车成本通过查询首汽租车等租车公司的官方数据得来，约为 200 元/天。不同城市的公共交通成本不同，本模型设定为 10 元/次。使用家中汽油车的成本则参考了同车型 ICEV 的使用成本。

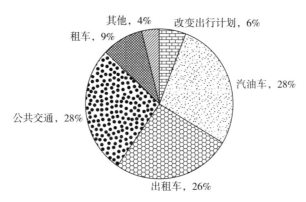

**图 3－6　电动汽车车主的替代交通工具选择**

注：图中数据因四舍五入，加总超过 100%。

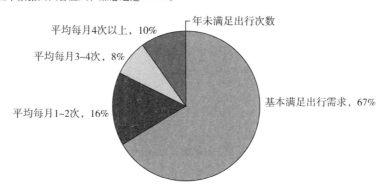

**图 3－7　电动汽车无法满足车主出行需求的频次**

注：图中数据因四舍五入，加总超过 100%。

表 3 - 16  出租车替代出行单次出行成本　　　　　单位：元

| | 轿车 | | | | SUV | | |
|---|---|---|---|---|---|---|---|
| | A00 | A0 | A | B | A0 | A | B |
| 北京 | 89 | 120 | 119 | 119 | 111 | 109 | 113 |
| 上海 | 115 | 164 | 161 | 163 | 150 | 146 | 152 |
| 广州 | 97 | 132 | 130 | 131 | 122 | 119 | 123 |
| 深圳 | 97 | 132 | 130 | 131 | 122 | 119 | 123 |
| 平均成本 | 99 | 137 | 135 | 136 | 126 | 123 | 128 |

# 第五节　政策成本参数

政策模块主要包括了非货币成本和货币成本，其中非货币成本主要考虑了牌照成本对总拥有成本的影响，货币成本主要包括税费减免和购置补贴。由于当前仅部分限购城市消费者在购买小轿车时会产生额外成本，因此本书对牌照成本对 TCO 的影响进行了单独的分析。

## 一、非货币成本

非货币成本主要为牌照成本，对于限购城市车主而言是购买电动汽车的主要原因之一。根据牌照发放方式的不同，部分限购城市牌照可以直接获取市场价格，而另一部分城市则需要通过其他的方法对其成本进行货币化。根据第一章中对该政策的描述，北京和上海分别采用了摇号法和拍卖法发放牌照。其中，上海牌照的价格可以根据 2019 年平均拍卖价格确定，北京的牌照成本主要根据对相关文献的调研确定。由于我国非限购城市当前不存在小轿车限购政策，因此对于非限购城市车主而言这一部分的成本减免并未算在总成本中。

## 二、货币成本

货币成本包括税费减免、购置补贴等。根据《中华人民共和国车辆购置税法》，2019 年 7 月 1 日起我国将对车辆征收购置税，税率为 10%，如表 3 - 17 所示。为进一步支持新能源汽车创新发展，国务院提出 2018 年 1 月 1 日到 2020 年 12 月 31 日对购置的新能源汽车免征车辆购置税。2020 年 3 月 31 日国务院颁布了进一步的新能源汽车产业激励政策，宣布新能源汽车购置税减免将延长两年。因此，本模型中认为 2020～2022 年电动汽车不存在购置税成本，2023 年增加购置税成本。除购置税外，新能源汽车车船税同样享受税收减免政策。本模型假设，在 2020～2030 年我国将维持对新能源汽车免征车船税的政策，因此 2023～2030 年 BEV 和 PHEV 的车船税成本保持为 0。

表 3-17　中国车船税征收标准　　　　单位：元

| 车船税 | 下限 | 上限 | 平均 |
|---|---|---|---|
| 1L | 60 | 360 | 210 |
| 1～1.6L | 300 | 540 | 420 |
| 1.6～2L | 360 | 660 | 510 |
| 2～2.5L | 660 | 1200 | 930 |
| 2.5～3L | 1200 | 2400 | 1800 |
| 3～4L | 2400 | 3600 | 3000 |
| 4L | 3600 | 5400 | 4500 |

资料来源：国家税务总局。

根据我国 2019 年 3 月发布的《关于进一步完善新能源汽车推广应用财政补贴政策的通知》，我国电动汽车购置补贴进一步退坡，具体如表 3-18 所示。模型中根据不同车型及其相对应的续驶里程对其进行了补贴金额的设定。其中，对 BEV 的补贴范围在 1.8 万～2.5 万元，而对 PHEV 的补贴则统一下调为 1 万元，同时各地方取消了地方补贴政策。

表 3-18　2018～2022 年中国电动汽车激励补贴标准比较　　　单位：万元

| 车型 | 续驶里程/公里 | 2018 年 | 2019 年 6 月 25 日之后 |
|---|---|---|---|
| BEV | 150～200 | 1.5 | — |
| | 200～250 | 2.4 | — |
| | 250～300 | 3.4 | 1.8 |
| | 300～400 | 4.5 | 1.8 |
| | R≥400 | 4.5 | 2.5 |
| PHEV | R≥50 | 1.2 | 1 |

然而，为提振汽车市场，促进国内消费，缓解疫情带来的经济影响，国务院

于 2020 年 3 月 31 日发布了最新的新能源汽车补贴政策。政策中明确表明，我国新能源汽车购置补贴将延长两年。因此，本模型中将补贴从 2020 年延长至 2022 年，2022 年后补贴数额设置为 0。

# 第六节　模型结果分析

本节对模型结果进行分析，包括 5 年持有期及 10 年持有期情景下，三种燃料类型私家车的总拥有成本、购置成本、使用成本、替代交通成本。本节还对模型结果进行了定义，具体见表 3 - 19。对于私家车而言，5000 元以内的成本差异占总成本比例较小，因此在本书中其成本可以认定为接近平价。

表 3 - 19　模型结果定义

| 成本趋势类型 | 定义 |
| --- | --- |
| 平价 | 该年 TCO 小于等于 ICEV |
| 接近平价 | 该年与 ICEV 的 TCO 差值在 5000 元以内 |
| 2030 年后 | 在模型预测期内未能达到平价 |

**一、5 年持有期情景**

1. 总拥有成本（TCO）

如图 3 - 8 所示，A00 及 A0 级别 BEV 轿车的 TCO 分别在 2020 年和 2025 年与 ICEV 达到平价水平，A0 级别 BEV 和 SUV 车在 2020 年与 ICEV 达到 TCO 平价。购置补贴政策的延长为这三种 BEV 车型的平价争取了时间。其他级别轿车和 SUV 在补贴退坡之前相比 ICEV 已经达到了 TCO 平价，然而在补贴退坡之后有较大的成本反弹。相比 BEV，PHEV 的平价时间较早，主要是由于 PHEV 的电池成本较低、额外的动力系统的成本有限，且相比 ICEV 有较强的使用成本优势。

BEV、PHEV 与 ICEV 的成本差值趋势如表 3 - 20 所示。从结果可以看出，BEV 车型越小，则与 ICEV 达到平价的时间越早。A00、A0 级别轿车以及 A0 级别 SUV 的 BEV 车型具有较大的成本优势。而在 A 级及 B 级车型中，PHEV 具有更大的成本优势，在 2030 年前均可与 ICEV 平价或接近平价，且成本差值较小。具体的平价时间如表 3 - 20 所示。

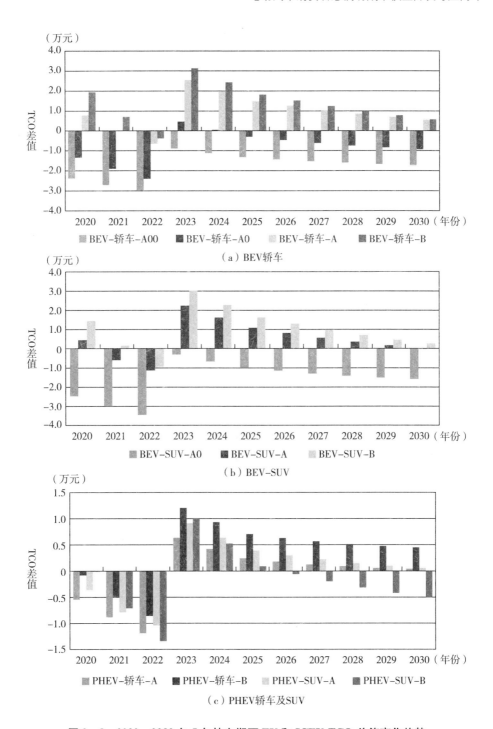

（a）BEV轿车

（b）BEV-SUV

（c）PHEV轿车及SUV

**图 3－8　2020～2030 年 5 年持有期下 EV 和 ICEV TCO 差值变化趋势**

表3-20  5年持有期情景下BEV与PHEV的平价时间

| 车型 | 车型级别 | 燃料类型 | 平价时间 | 2030年时成本差值（EV-ICEV） |
|------|---------|---------|---------|---------------------------|
| 轿车 | A00-300 | BEV | 2020年 | -1.7 |
| | A0-400 | BEV | 2025年 | -0.9 |
| | A-500 | BEV | 2030年后 | 0.6 |
| | | PHEV | 2030年（近似平价） | 0.0 |
| | B-600 | BEV | 2030年后 | 0.6 |
| | | PHEV | 2030年（近似平价） | 0.5 |
| SUV | A0-400 | BEV | 2020年 | -1.6 |
| | A-500 | BEV | 2030年 | |
| | | PHEV | 2030年（近似平价） | 0.1 |
| | B-600 | BEV | 2030年（近似平价） | 0.3 |
| | | PHEV | 2026年 | -0.5 |

2. 车辆成本

车辆成本模块包含购置成本和残值。BEV和PHEV的购置成本在2020～2030年有较大的下降。对BEV而言，A00级别、A0级别、A级别以及B级别轿车的购置成本降幅在31%～36%，而A0级别、A级别以及B级别SUV的购置成本降幅在31%左右。PHEV成本降低幅度略低于BEV，在16%～18%。

然而，从购置成本的角度来看，除A00级别BEV轿车以外，其他EV车型在2030年无法达成购置成本平价，且成本存在较大差异，如图3-9所示。车型越大，购置成本差异越大。A00级别轿车成本优势最为突出，在2030年可以达到购置成本平价，且在2020～2030年购置成本与ICEV的差异较小。市场上现有的A00级别ICEV轿车数量较少，这部分细分市场未来会逐步被A00级别BEV替代。BEV车型在2030年的购置成本仍比ICEV高24%～55%，PHEV车型的购置成本比ICEV高28%～35%。

不同组分对成本差异的贡献率有所不同，具体如图3-10所示。2030年BEV动力系统成本对总体购置成本差值的贡献率在30%～62%，ICEV的动力系统（发动机和变速箱）成本占比在31%左右，两者较为接近。随着技术的不断进步，BEV和ICEV的动力系统（包括电池）占比接近持平，然而动力系统绝对值成本仍有差异。除A00级轿车以外，其他级别BEV车型的动力系统（包括电池）成本与ICEV的差异在0.7万～2万元。汽车电子的成本贡献率比动力系统成本更大，占比在43%～61%，主要是由于EV电气化程度较高，BEV较ICEV

而言更容易进行智能化升级。而随着未来智能化水平的不断提高，这一部分成本
将会继续增长。

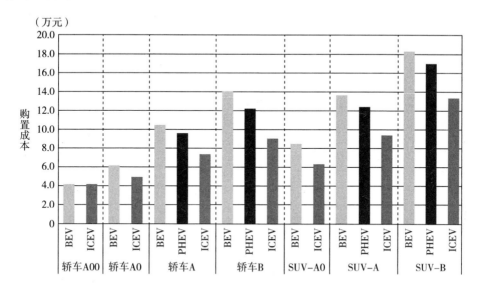

图 3 - 9    2030 年 5 年持有期下不同车型购置成本

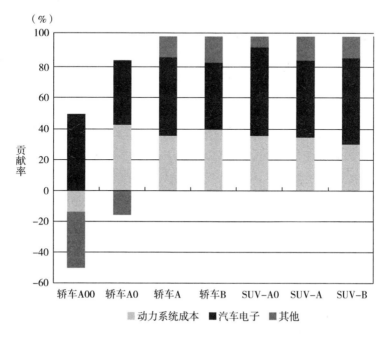

图 3 - 10    2030 年 5 年持有期下不同成本对车辆成本差值的贡献率

残值的占比主要取决于模型所参考的当前在售车型数据。当前 ICEV 和 PHEV 残值率水平普遍高于 BEV，而 PHEV 和 ICEV 的残值率水平则较为接近。EV 残值率低的主要原因是当前电动汽车质量普遍较低，且电池回收再利用市场尚未成熟，电动汽车技术变化日新月异，而传统车的技术更新较慢等。

对 BEV 而言，车型越小，其保值率越低。模型假设其 5 年残值率不变，始终等于 2019 年该款 BEV 的残值水平，这主要是考虑到未来消费者对电动汽车的接受程度将不断提高，二手车市场中电动汽车的售卖价格将逐年上升。同时，电动汽车的制造水平也在不断提升，未来残值率将会有所增长。

3. 使用成本

根据模型结果，在预测期内 BEV 的使用成本低于 PHEV 和 ICEV 的使用成本。2030 年各车型的使用成本如图 3-11 所示。BEV 不同级别车型的使用成本与 ICEV 使用成本的差值在 2.4 万~5.1 万元。BEV 使用成本对 TCO 的贡献率仅在 7%~22%。不同车型对总拥有成本的影响程度不同。对 BEV 而言，车型越小，使用成本占比越高。降低小微型（A00、A0 级别）车的使用成本可以有效降低电动汽车的总拥有成本，因此车企和政府应当更加关注小微型车的单车电耗以及燃料成本问题，而中大型车的其他部分成本较高，车企应当增加产品价值，例如使用质量较高的电池、添加自动驾驶功能等。

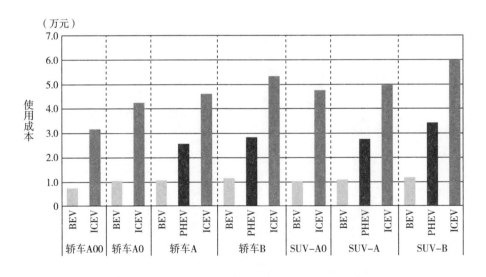

图 3-11 2030 年 5 年持有期下不同燃料车型使用成本

PHEV 的使用成本对总拥有成本的贡献率在 21%~29%，使用成本差值在

2.1 万~2.8 万元，占比介于 BEV 和 ICEV 之间，不同车型的使用成本占比较为相近。

ICEV 的使用成本占比在 38%~53%，在 2020~2030 年该数值较为稳定。由于国产 ICEV 车型购置成本较低、燃料经济性较差，因此使用成本是 TCO 的主要组成部分。车型越小，其使用成本占比越高。

4. 替代交通成本

对于 BEV 而言，替代交通成本是一个重要的组成部分。续驶里程是当前影响电动汽车消费者购车的重要因素之一。BEV 的续驶里程较 ICEV 轿车低，且充电较为不便，存在电动汽车车主出行需求无法满足的情况。

然而，根据本书问卷调研的数据，尽管 BEV 与 ICEV 相比续驶里程较低，但实际使用过程中的替代交通次数较为有限。根据调查问卷的结果，BEV 每年不能满足消费者出行需求的次数在 14.6 次左右。实际的替代交通成本取决于所选替代交通的方式以及单次出行的成本，不同的成本参数设定对替代交通成本的影响较大。

根据模型的结果，BEV 轿车的替代交通成本在 3219~4070 元，占总拥有成本的 2.6%~7.8%；BEV SUV 的替代交通成本同样在 5000 元以内，在 3816~4018 元，仅占总拥有成本的 2.1%~6.2%。车型越大，其替代交通成本占比越低。同时由于其续驶里程较长，因此消费者的出行需求满足程度高，所以实际使用中的大型车的替代交通成本占比低于模型结果。而对于小型车而言，替代交通成本则较为重要。以购置成本较低的 A00 级轿车为例，替代交通成本和使用成本占总成本的 19.0%~29.8%，对其购车决策有着重要的影响。

**二、10 年持有期情景**

1. 总拥有成本

在 10 年期且替换电池的情景下，BEV 和 PHEV 的平价时间以及 2020~2030 年与 ICEV 的 TCO 差值变化趋势如表 3-21 和图 3-12 所示。10 年持有期情景下 BEV TCO 的计算中增加了替换电池的成本，部分削弱了 BEV 的使用成本优势。BEV 轿车由于其电池成本较低，整体平价时间较 5 年持有期情景有一定提前，而 BEV 的 SUV 车型电池成本较高，整体平价时间变化不大。车型较小的 PHEV 由于替换电池较低，因此 10 年持有期情景下平价时间有所提前，而中型车（B级车）替换成本较高，平价时间略有延后，但变化幅度不大。

表 3 – 21　10 年持有期情景下 BEV 与 PHEV 的平价时间

| 车型 | 车型级别 | 燃料类型 | 10 年持有期平价时间（包含替换电池成本） | 相比 5 年持有期的平价时间提前程度（包含替换电池成本） | 10 年持有期平价时间（不包含替换电池成本） | 相比 5 年持有期的平价时间提前程度（不包含替换电池成本） |
|---|---|---|---|---|---|---|
| 轿车 | A00 – 300 | BEV | 2020 年 | 0 年 | 2020 年 | 0 年 |
| | A0 – 400 | BEV | 2020 年 | 5 年 | 2020 年 | 5 年 |
| | A – 500 | BEV | 2029 年 | \ | 2020 年 | \ |
| | | PHEV | 2020 年 | 10 年 | 2020 年 | 10 年 |
| | B – 600 | BEV | 2030 年后 | \ | 2025 年 | \ |
| | | PHEV | 2024 年 | 6 年 | 2020 年 | 10 年 |
| SUV | A0 – 400 | BEV | 2020 年 | 0 年 | 2020 年 | 0 年 |
| | A – 500 | BEV | 2030 年（近似平价） | 0 年 | 2020 年 | 10 年 |
| | | PHEV | 2026 年 | 4 年 | 2020 年 | 10 年 |
| | B – 600 | BEV | 2030 年后 | \ | 2024 年 | 6 年 |
| | | PHEV | 2027 年 | 延后 1 年 | 2020 年 | 6 年 |

注：\ 表示 5 年持有期下该车型平价时间在 2030 年后。

　　由于当前电池的使用寿命可以保障消费者的十年使用时长，部分消费者可能并不会在使用过程中为追求性能最优而更换电池。因此，本小节同时计算了不包含替换电池成本情景下 EV 10 年持有期的 TCO 平价趋势。结果发现，在该情景下 EV 的成本优势非常突出。除 B 级别 BEV 轿车和 SUV 车型 TCO 分别在 2025 年和 2024 年与 ICEV 平价以外，其他 PHEV 和 BEV 车型均可以在 2020 年与 ICEV 平价。车型越小，TCO 差值越大。通过对 5 年持有期和 10 年持有期 TCO 的研究可以看出，在不考虑电池更换这一附加成本下，EV 的持有期越长，成本优势越显著。若消费者可以在购买私家车时使用 TCO 衡量不同车辆成本，则 EV 具有成本竞争力。

　　2. 车辆成本及使用成本

　　10 年持有期情景下车辆购置成本的结果与 5 年持有期情景下相同，但残值有所差异。ICEV 的 10 年残值率与 PHEV 和 BEV 的残值率相近，但仍然略高于 EV。当前二手车市场上售卖的使用期限在 10 年的电动汽车数量极为有限，因此汽车之家网站上所使用的部分 10 年期 EV 的残值率参考了 ICEV 的残值水平，不能完全体现出实际的市场价格。

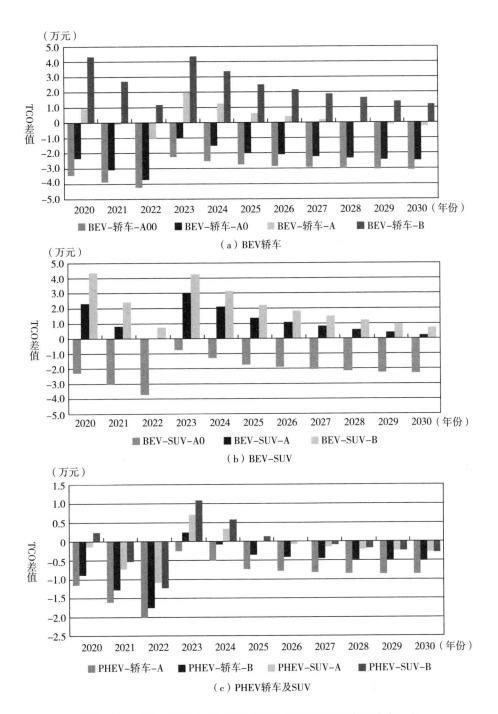

（a）BEV轿车

（b）BEV-SUV

（c）PHEV轿车及SUV

**图 3-12　2020~2030 年 10 年持有期下 EV（含替换电池成本）和
ICEV 的 TCO 差值变化趋势**

持有期越长，车型越大，电动汽车的使用成本优势越明显。以 2030 年为例，BEV 与 ICEV 的使用成本差值在 4.5 万~8.9 万元，PHEV 与 ICEV 的使用成本差值在 2.7 万~4.1 万元。使用成本的差异取决于油价、能耗和折现率水平。

尽管 10 年持有期情景下 BEV 的使用成本优势相较 5 年期有了较大的提升，但如果考虑到电池更换成本，则这部分成本的增加削弱了使用成本优势。尤其是对于 SUV 级别的车型而言，其替换电池的成本较高，对使用成本优势的削弱更加明显。BEV 替换电池成本占比在 8.9%~18.4%，中大型车替代电池成本占总拥有成本的比例高于使用成本，而微小型车则相反。PHEV 的替代成本占比稳定在 6.2%~8.3%，低于使用成本占比。

3. 替代交通成本

在 10 年期且更换电池的情景下，替代交通成本占 BEV 总拥有成本的 2.4%~9.5%，成本绝对值在 5755~7340 元，整体水平略高于 5 年持有期情景。随着持有期的增加，电动汽车续驶里程以及充电问题带来的交通需求无法满足的情景增多，由此带来的累积成本逐年增加。

# 第七节　政策影响分析

## 一、牌照政策

不同限购城市的牌照拍卖价格有所不同，以 2019 年拍卖价格为参考，限购城市平均牌照成交价格为 5.5 万元，最低平均价格为天津市牌照拍卖价格，为 2.6 万元，最高均价为上海市拍卖价格，为 9 万元。

在考虑牌照成本后，所有限购城市的 BEV 和 PHEV 均可以在 2030 年前达到购置成本平价水平。这对于消费者而言具有直接的激励作用。尤其是对于上海、北京这类一线城市而言，牌照成本对总拥有成本的影响较大。然而，当前牌照成本比较高的地区只有上海和北京。为了进一步刺激汽车消费，未来限购政策逐步放宽，牌照成本对于消费者的激励效果可能会逐年降低。

## 二、购置税政策

除牌照政策以外，购置税减免政策也是当前我国实施的电动汽车财税激励政策。当前我国购置税减免政策持续至 2023 年，为探究购置税减免对 EV 总拥有成本的影响，模型假设 2023 年后购置税减免政策将继续实施，直至 2030 年。结果发现，购置税减免对电动汽车 TCO 的降低有显著影响。

购置税减免后，BEV 购置税减免政策可以大幅度提高 EV 对于消费者的吸引力。若购置税政策延长至 2030 年，则可大幅度提前平价时间。5 年持有期下七款 BEV 和 PHEV 车型的平价时间可以提前 5 ~ 10 年，10 年持有期情景下七款车型均可提前 4 ~ 6 年。其中，PHEV 由于其 TCO 与 ICEV 成本差异绝对值在 1 万元左右，且 2023 年前购置补贴政策尚未退坡，因此减免 2023 ~ 2030 年的购置税后其平价时间有了更大幅度的提前。

由于在 5 年持有期情景下 BEV A 级及 B 级轿车和 SUV 的平价时间均较晚，因此本书将这四类车型进行了单独分析。结果表明，购置税减免对四类车型的平价时间均有积极作用，其中对 SUV 的正向影响更大。购置税减免后和购置税减免前的 TCO 平价趋势具体结果见图 3 – 13。A 级和 B 级轿车在没有购置税减免的情况下可以与 ICEV 在 2030 年达到接近平价，在去掉购置税成本后，其平价时间可以提前至 2027 年。施加购置税时，A 级和 B 级 SUV 在 2030 年平价，而减免购置税后平价时间提前至 2025 年。因此，购置税减免对中大型车的 TCO 平价有较大影响。

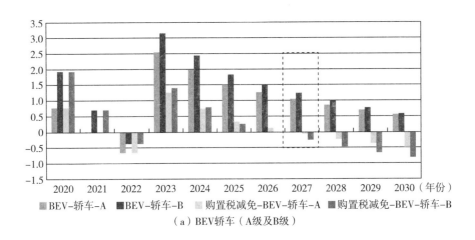

（a）BEV轿车（A级及B级）

图 3 – 13　2020 ~ 2030 年 5 年持有期下购置税减免后和
购置税减免前 BEV 和 ICEV 的 TCO 差值变化趋势

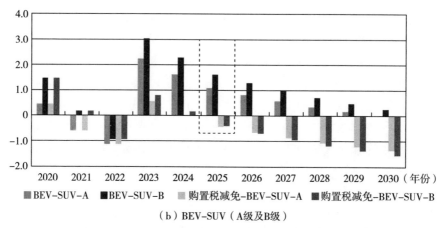

图 3 - 13　2020～2030 年 5 年持有期下购置税减免后和
购置税减免前 BEV 和 ICEV 的 TCO 差值变化趋势（续）

　　根据当前我国政府的政策规定，2023 年后购置补贴和购置税减免都将取消。购置税减免对于电动汽车，尤其是中大型车而言是较强的激励措施。两者同时取消将会使 EV 的 TCO 有较大的反弹。

# 第八节　敏感性分析

## 一、折现率

　　模型中所设定的折现率水平为 5%，本书选定 0、2.5%、7.5%、10% 这几种不同的折现率情景对模型结果的影响进行了敏感性分析。折现率主要影响了 TCO 中的残值、使用成本和替代交通成本，在 10 年期情景下还会对电池更换成本产生影响。结果发现，随着折现率水平的不断提高，EV 的平价时间逐步推后；同时，持有期不同，折现率对总拥有成本的影响有所差异。

　　本书进一步对 2030 年 A 级轿车和 B 级 SUV 车型的不同折现率水平下的 TCO 变化进行了分析。5 年持有期情景的结果如图 3 - 14 所示。不同车型的 TCO 随折现率的变化有所不同，主要取决于车型的使用成本和残值的变化程度。对两类车型而言，5 年期情景下三类燃料车型的敏感性由高至低分别为 PHEV、BEV、ICEV。A 级轿车的 BEV、PHEV 和 ICEV 的 TCO 变化范围分别为 97%～102%、96%～103%、99%～101%。B 级 SUV 的 BEV、PHEV、ICEV 的 TCO 变化范围分别为91%~106%、91%~107%、97%~102%。

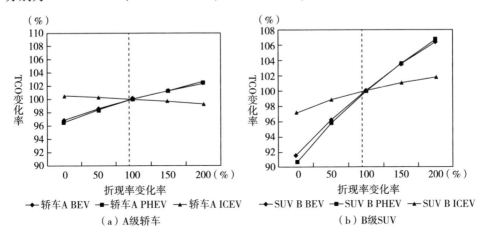

（a）A级轿车　　　　　　　　　（b）B级SUV

**图3-14　2030年5年持有期下A级轿车和B级SUV**

**不同折现率水平下TCO变化情况**

在10年持有期情景下，由于使用成本的占比较高，TCO随着折现率水平的升高而下降，具体结果如图3-15所示。A级轿车和B级SUV在10年期情景下三类燃料车型的敏感性由高至低分别为ICEV、PHEV、BEV。由于长期来看ICEV使用成本占比较高，因此其对折现率的敏感性最高。A级轿车的BEV、PHEV和ICEV的TCO变化范围分别为96%~106%、95%~106%、91%~113%。B级SUV的BEV、PHEV、ICEV的TCO变化范围分别为98%~102%、98%~102%、93%~109%。

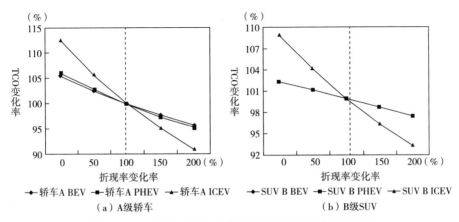

（a）A级轿车　　　　　　　　　（b）B级SUV

**图3-15　2030年10年持有期下A级轿车和B级SUV**

**不同折现率水平下TCO变化情况**

## 二、电价

为探究电价波动对平价时间的影响，本小节分析了 0%、50%、100%、150%、200% 的原始电价水平下，不同车型在不同持有期情况下的平价时间。结果发现，随着电力成本上升，BEV 和 PHEV 的平价时间逐渐延后。车型越大，电力成本对其平价时间的影响越大。持有期越长，EV 对电力成本的敏感程度越高。

本书进一步分析了 A 级轿车和 B 级 SUV 2030 年 TCO 的变化。5 年持有期下 A 级 BEV 对电价的敏感程度高于 PHEV。A 级 BEV 和 PHEV 轿车的变化区间分别为 93% ~ 107%、95% ~ 105%。B 级 BEV 和 PHEV SUV 的变化区间均为 95% ~ 105%。10 年持有期下 BEV 和 PHEV 的敏感程度相似，但 BEV 和 PHEV 对电价的敏感程度普遍高于 5 年持有期（见图 3 - 16、图 3 - 17）。该情景下 A 级 BEV 和 PHEV 轿车的变化区间分别为 91% ~ 109%、94% ~ 106%。B 级 BEV 和 PHEV SUV 的变化区间均为 94% ~ 106%。

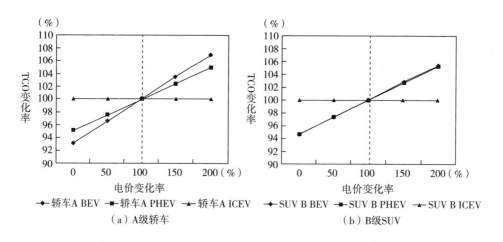

图 3 - 16　2030 年 5 年持有期下 A 级轿车和 B 级 SUV
不同电价水平下 TCO 变化情况

## 三、油价

本节对油价进行了敏感性分析。由于我国成品油定价机制中设置了调控上限和调控下限，分别为每桶 130 美元（2019 年油价的 2.02 倍）和每桶 40 美元

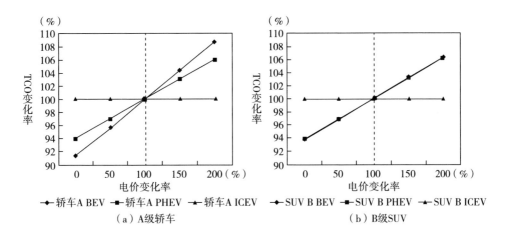

（a）A级轿车　　　　　　　　　（b）B级SUV

**图 3 - 17　2030 年 10 年持有期下 A 级轿车和 B 级 SUV
不同电价水平下 TCO 变化情况**

（2019 年油价的 0. 61 倍）。根据我国油价的调控机制，分别假设 2020 年实际油价为 EIA 预测油价的 61% 、75% 、100% 、125% 和 150% ，同时假设未来油价变化趋势与 EIA 预测趋势相同。

敏感性分析结果表明，油价对平价时间有较大的影响。ICEV 对油价的敏感程度远高于对折现率的敏感程度。当油价水平为当前油价水平的 61% 时，仅 BEV 的 A00 和 A0 级别轿车以及 A0 级别 SUV 可以在 2030 年前达到 TCO 平价或近似平价（5 年和 10 年持有期情景）。由于经济形势较差、俄罗斯与石油输出国组织（OPEC）减产谈判崩盘以及全球疫情持续扩散等，2020 年第一季度国际油价跌至 30 美元/桶以下。这一情景与 61% 的油价情景相似。根据这一现状，未来油价变动情况很有可能处于 61% 的情景下，受此影响，燃油车经济性提升，新能源汽车使用成本优势减弱，未来替代传统燃油车的速度将大幅度放缓。在油价较低的情景下，PHEV 的成本优势弱于 BEV。

模型进一步对 A 级轿车和 B 级 SUV 的油价敏感性进行了分析，如图 3 - 18、图 3 - 19 所示。5 年持有期情景下，ICEV A 级轿车和 B 级 SUV 的 TCO 波动范围分别在 85% ~119% 和 86% ~117% ，PHEV 的波动范围均在 95% ~107% 。10 年持有期情景下其波动范围有所增加，分别在 82% ~123% 和 84% ~121% ，PHEV 的波动范围分别为 93% ~109% 和 94% ~108% 。

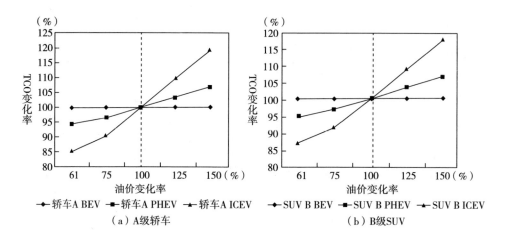

(a) A级轿车                    (b) B级SUV

图 3-18    2030 年 5 年持有期下 A 级轿车和 B 级 SUV
不同油价水平下 TCO 变化情况

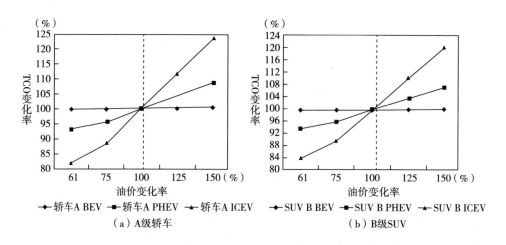

(a) A级轿车                    (b) B级SUV

图 3-19    2030 年 10 年持有期下 A 级轿车和 B 级 SUV
不同油价水平下 TCO 变化情况

# 第九节    相似研究对比

当前有许多研究者对电动汽车 TCO 进行了研究。大部分研究者针对当前
BEV、PHEV 和 ICEV 的 TCO 进行了对比分析，还有一部分研究者对未来 TCO 的

变化趋势进行了预测。目前已有的不同燃料车型的 TCO 预测的研究范围包括欧洲、美国、中国等国家和地区，所包含的燃料类型主要为 ICEV 和 BEV。国外研究者的车型范围较广，国内研究者则主要聚焦于某款车型的 TCO 研究。本节整理了部分典型 TCO 相似研究的研究范围、研究内容、主要结论等，具体见表 3 – 22。

**表 3 – 22  电动汽车 TCO 相似研究对比**

| 作者（年份） | 国家和地区 | 燃料类型 | 车型 | 持有期 | 平价时间 |
|---|---|---|---|---|---|
| Geng Wu 等（2015） | 欧洲 | ICEV、HEV、BEV（150 ~ 200 公里）、PHEV（40 ~ 60 公里） | 小、中、大型车 | 6 年 | 中距离：PHEV 可以与 ICEV 在 2025 年平价<br>长距离：BEV 可以与 ICEV 在 2025 年平价<br>短距离：EV 无法与 ICEV 平价 |
| Nic Lutsey 和 Michael Nicholas（2019） | 美国 | ICEV、BEV（150 公里/200 公里/250 公里）、PHEV（50 公里） | 轿车、SUV、跨界车 | 5 年 | 轿车：2022 ~ 2025 年<br>SUV：2024 ~ 2026 年<br>跨界车：2023 ~ 2026 年 |
| Steffen Bubeck 等（2016） | 德国 | ICEV、HEV、BEV | A0、A、B、C、SUV、小货车 | 12 年 | 2030 年中长行驶里程的 BEV 可以平价 |
| Hao Han 等（2014） | 中国北京 | BEV（150 公里）、ICEV | 北汽 EV150 及对应 ICEV 车型 | 8 年、12 年、15 年 | 2020 年无法达到平价 |
| 本书 | 中国 | BEV（300 公里/400 公里/500 公里/600 公里）、PHEV（80 公里/100 公里）、ICEV | A00、A0、A、B 级别轿车以及 A0、A、B 级别 SUV | 5 年、10 年 | 5 年持有期：微小型车 2025 年前，其余在 2030 年左右；PHEV 平价时间早于 BEV 10 年；替换电池则平价时间提前有限；不替换则大部分在 2020 年平价 |

通过对相似研究进行对比分析，可以发现本模型的研究结果与其他研究结果在趋势上大体相同，然而在具体的平价时间上有所差异。在短持有期情景下，其他研究的 BEV 平价时间略早于本模型。这主要是由于其他研究对 BEV 的基本设

定与本模型有所不同。其他研究者对 BEV 的纯电续驶里程设定基本在 150～250 公里，而本模型最低续驶里程设定为 300 公里，且中大型车的续驶里程可以达到 600 公里。因此，本模型所涉及的 BEV 带电量远高于其他研究，导致中大型车在 2030 年左右才能与 ICEV 达到平价，而其他研究在 2025 年左右。而在长持有期情景下，本模型的 EV 与 ICEV 平价时间结果普遍早于其他研究（不包含替换电池成本的情景）。这主要是因为这部分研究者对主要成本设定的下降速率低于本模型（例如电池、电机等）。这部分研究时间较早，对电动汽车主要技术进步的参数设定较为保守，已不符合当前电池、电机等主要成本结构的成本下降趋势。

## 第十节　本章小结

本章具体介绍了电动汽车消费者 TCO 模型以及模型开发的过程。首先概述了 TCO 模型的整体结构，包括车辆成本模块、使用成本模块、替代交通成本模块以及政策成本/补贴模块，然后对模型四大模块的模型构建、主要基础参数以及预测参数进行了详细介绍。其中，车辆成本模块包括购置成本及残值，本章分别介绍了 BEV、PHEV 和 ICEV 的成本计算方法，并对主要参数的估计进行了阐述。购置成本部分的基础参数主要通过调研当前市场上主要的 BEV、PHEV、ICEV 车型参数获得，模型共调研了 26 款 ICEV、25 款 BEV 和 21 款 PHEV。预测参数的估计则通过整理相关研究报告、进行专家访谈获取。使用成本主要包括燃料成本和维护保养成本，其中燃料成本的计算方式因车辆燃料类型的不同而有所不同，维护保养成本根据问卷调查的内容获得。替代交通成本模块的主要参数同样参考了第二章中问卷调查的结果。政策模块涵盖了购置税、牌照成本、购置补贴和车船税部分。

在 5 年持有期情景下，A00 和 A0 级别 BEV 在 2025 年前均可以与 ICEV 达到平价，但 A 级和 B 级 BEV 的平价时间在 2030 年前后。PHEV 与 ICEV 的平价时间早于 BEV，在预测期内 PHEV 的 TCO 普遍低于 BEV。到 2030 年前后 BEV 的 TCO 可以下降至 PHEV 的水平。

从购置成本的角度来看，除 A00 级别轿车以外，其他车型在 2030 年无法达到购置成本平价。对消费者而言，如果仅考虑购置成本，电动汽车不具有竞争优势。通过对成本差异的分析，发现汽车电子对购置成本差异的贡献率最高。除车辆成本外，残值对购置成本也具有一定影响。当前 PHEV 的残值率与 ICEV 的水平相当，BEV 的残值率仍然有较大的提升空间。未来随着电动汽车生产质量和消费者接受程度的不断上升，残值率将逐步达到 ICEV 的水平。

BEV 的使用成本远低于 ICEV 的使用成本。车型越大，使用成本差别越高，BEV 优势越明显；车型越小，其使用成本占比越高。使用环节成本降低有助于进一步降低 TCO，提高 EV 竞争力。而替代交通影响程度则小于预期，消费者对 BEV 的里程焦虑对 EV 的 TCO 没有实质性影响。

10 年持有期情景下，主要的差异在于使用成本、替代交通成本、电池更换成本以及残值。若替换电池，绝大部分车型的 TCO 平价时间略早于 5 年持有期情景，但替换电池成本削弱了长持有期下的使用成本优势。BEV 和 PHEV 的 10 年残值率低于 ICEV，对 TCO 平价时间具有一定影响。

考虑牌照成本后，所有车型的购置成本均可在 2030 年前达到平价。在牌照政策的影响下，电动汽车对限购城市消费者有较大吸引力。然而，限购政策具有不确定性，未来政策激励效果可能逐渐降低。购置税减免政策对电动汽车的 TCO 也有较大影响。若 2023～2030 年延续购置税减免政策，则 5 年持有期下 BEV 和 PHEV 车型的平价时间可以提前 5～10 年，10 年持有期情景下可提前 4～6 年。

不同燃料类型汽车对不同参数的敏感程度有所不同，其中油价对平价时间有较大影响。在油价水平为模型参考水平 61% 的情况下，除 A00 级别轿车以外，其余车型在 2030 年前无法在 5 年持有期下与 ICEV 达到平价。当前国际油价处于较低水平，与该情景较为相似。

# 第四章　中国高铁对民航客运替代效应分析

中国高速铁路建设进展迅速，沿线民航客运量受此影响出现下降，部分航线出现关停。《新时代交通强国铁路先行规划纲要》提出 2035 年实现 50 万人口以上城市高铁通达，高铁对民航客运的影响将更趋明显。2017 年四纵四横线路已经建设完成并实现通车。分析四纵四横沿线民航客运的受影响情况有助于判断八纵八横建成后民航客运受到的影响。高铁是重要的节能减碳技术，也是城间交通重要的发展趋势，因此准确刻画高铁发展特征是提出交通部门低碳设计方案的基础。但目前中国缺乏对四纵四横建成后高铁线路对民航客运影响的相关研究。

本章内容安排如下：第一节梳理了中国高速铁路发展现状；第二节介绍了本章选取的变量、所用研究方法和清洗所得的研究数据；第三节介绍了本章的分析结果；第四节探讨了高铁发展规划下对民航需求的替代效果，结合中国目前已经公布的高铁规划和不同航程下高铁对民航客运的替代比例，分析测算八纵八横开通后和实现 50 万人口以上城市高铁通达后中国国内民航客运活动水平将受到的影响；第五节在高铁对民航客运替代效果的基础上进一步分析了高铁带来的减碳效果；第六节对本章内容进行了小结。

## 第一节　中国高速铁路发展现状

《中长期铁路网规划（2008 年调整）》（以下简称《规划》）提出 2020 年前建成四纵四横快速通道。2016 年，《规划》修订后提出 2030 年前建设完成八纵八横高铁通道。中国高速铁路网络发展迅速。

四纵四横网络连接中国经济发达省份，2008 年京津城际通车，成为四纵四横中开通的第一条高铁线路，2018 年石济高铁和京沈高铁相继建成标志着四横和四纵线路均已收尾，四纵四横规划已经基本建成。2013 年、2014 年、2015 年和 2016 年分别有 6 条、8 条、13 条和 2 条高铁线路开通。从四纵四横线路分布来看，仍以东部沿海省份为主，东部省份已经形成了明显的高铁线路网络，中西部铁路建设密度相对滞后，表明高铁建设充分考虑了地区经济发展程度。2019年中国高速铁路客运周转量为 7746.7 亿人公里，占铁路客运周转量的比例为52.7%；高铁客运量为 23.6 亿人次，占铁路客运量的比例为 64.4%。从运行速度来看，京广线、京沪线为主干线，设计最高时速为 350 公里，沪汉蓉铁路和东南沿海线路为区域城际铁路，设计最高时速为 250 公里。

八纵八横网络是在四纵四横网络的基础上，对城际铁路和区域连接线路的进一步丰富，以实现 80% 以上的大中型城市覆盖。截至 2020 年，八纵八横网络骨架已经完成七成以上，几乎完成 100 万人口以上城市的覆盖。2025 年中国铁路网络线路营业里程将超过 17.5 万公里，其中高铁线路营业里程超过 3.8 万公里。八纵八横高铁通道较之于四纵四横线路网络，补充了更多的区域连接线路，部分通道在四纵四横线路上进行拓展，例如四纵四横线路中的东南沿海客运专线成为八纵八横通道中沿海通道的组成部分，徐兰客运专线扩展成为陆桥通道。八纵八横线路开通后将基本覆盖中国所有大中型城市。建设八纵八横高铁线路将有助于构建道路、铁路、民航运输有机结合并相互协作的综合运输体系。

《新时代交通强国铁路先行规划纲要》提出，发展高铁是 2035～2050 年的重要任务，2035 年实现 50 万人口以上城市高铁通达，从而形成 1 小时、2 小时和 3 小时的高铁出行圈和城市集群。邻省省会城市实现 3 小时以内通达，城市群交通圈内主要城市实现 2 小时内通达。

# 第二节　研究设计

结合以往国内外研究和数据可获得性，本章拟考察航线级别的航班数据和运输人数数据，处理组线路为同时开通高铁和民航客运的线路，民航和高铁存在竞争关系，因此两者互为替代品。本章暂时未考虑高铁和民航的互补市场而出现的合作收益。对自第一条高铁开通以来的实际运行数据进行研究将有助于弥补离散选择和博弈理论中存在的数据真实性和全面性的不足，真实反映高铁对民航运输的替代效果，且数据几乎覆盖全国所有高铁线路，分析结果更具现实意义。

## 一、研究变量选取

以往文献中主要采用 GDP 和人口作为控制变量。Li 等（2019）、Chen 等

（2015）和 Ismail 等（2015）研究认为，互联网等基础设施发展对经济发展起到重要带动作用。考虑到互联网建设是中国基础设施建设的重要一环，且一定程度上反映了经济发展水平，因此本章采用城市对 GDP（万元）、人口（万人）和互联网连接人数（万人）作为控制变量，用于反映民航线路对应城市对的发展水平。城市对 GDP 为线路两城市的 GDP 之和，常住人口和互联网使用人数为两城市相关指标求和。

以往研究中，与民航线路相关的指标包括线路航班班次、运输人数和可用座位数。本章选取航线的每年运输人数和航班班次作为因变量指标，用以反映民航运输活动水平的波动和变化。航班班次反映民航线路的活跃程度，运输人数反映线路的往来人次，能较为直观地反映线路运输活动水平的变化情况。运输人数以人为单位，婴儿不计入航班运输人数，运输班次为该航线全年总飞行班次，在回归模型中采取取对数的形式。

反映高铁情况的变量包括高铁车次直达运行时间、高铁运行距离和高铁频次。高铁运行速度分为每小时 350 公里和每小时 250 公里两类，不同城市对间高铁直达运行时间因运行速度和停站数量不同而存在差异。高铁运行时间和每天的发车频率直接影响高铁出行的竞争力。高铁运行时间用于对航线进行划分，从而分析不同运输时间下的高铁竞争力。高铁运行距离为城市对间的铁路距离，与高铁运行时间作用类似，用于分析不同运输距离下高铁较之于民航的竞争力。高铁频次反映城市对间每天通行的高铁班次，用于表达高铁出行的便利程度。

相较以往研究，本章拟采用四纵四横线路运行的实时数据对不同运输时间、运输距离和运输频次下的高铁对民航运输的替代效果进行分析，给出不同时间、不同运输距离下替代效应的影响规律。

本章选取变量如表 4-1 所示。

**表 4-1　变量设定及描述**

| 变量 | 参数名称 | 变量描述 |
|---|---|---|
| 被解释变量 | 航线航班数量 | 当年航线运行的航班数量（单位：次） |
| | 航线运输人数 | 当年航线运输人数（单位：人） |
| 控制变量 | 总 GDP | 城市对两个城市的 GDP 的和（单位：万元） |
| | 总连接网络人数 | 两个城市连接网络的人数之和（单位：万人） |
| | 总人口 | 城市对两个城市的户籍人口的和（单位：万人） |
| 高铁有关变量 | 高铁运行频次 | 城市对间高铁每天运行的频次（单位：次/天） |
| | 高铁运行时间 | 城市对间高铁通达所需时间（单位：小时） |
| | 高铁运行距离 | 城市对间高铁运行距离（单位：公里） |

各变量的含义和计算方法如下：

（1）航线航班次数（次）：当年航线航班次数，包含城市对通行的所有直飞航班和经停航班，在回归模型中取对数。

（2）线路运输人数（人）：当年航线运输总人数，在回归模型中取对数。

（3）城市对总 GDP（万元）：由民航航线两城市的 GDP 求和计算而来，在回归分析过程中以对数形式计算。

（4）城市对总人口（万人）：由民航航线两城市的户籍人口求和计算而来，在回归模型中以对数形式计算。

（5）城市对总连接互联网人数（万人）：表示城市对连接互联网人数之和，在回归模型中以对数形式计算。

（6）高铁运行频次（次/天）：城市对间每天通行的直达的高铁频次。

（7）高铁运行时间（小时）：城市对间高铁直达班次的平均用时。

（8）高铁运行距离（公里）：城市对间高铁直达的铁路里程。


**二、研究数据**

1. 面板数据的建立

本章构建了 2008～2017 年中国航线级面板数据集，覆盖了自第一条高铁开通以来至四纵四横线路网络基本建成的民航活动水平变化。本章基于 2007～2018 年《从统计看民航》和飞常准大数据平台的航线数据，对已开通的四纵四横高铁网络上的 32 个重要节点城市构成的 362 个城市对间的航线数据进行校核。32 个重点城市包括北京、石家庄、郑州、武汉、长沙、广州、深圳、哈尔滨、大连、天津、济南、徐州、南京、上海、宁波、福州、厦门、太原、青岛、沈阳、兰州、西安、成都、重庆、合肥、昆明、贵阳、南昌、杭州、温州、无锡和常州。其他在样本中考虑到的城市主要根据其年运行航班数量进行选取，本章主要考虑运输量较大的航线。控制组均为较活跃航线。除上述城市外，控制组包含的城市有海口、三亚、乌鲁木齐、鄂尔多斯、银川、呼和浩特、拉萨、西宁、喀什、云南芒市、银川、包头、珠海、桂林、伊宁、阿坝州九寨沟、阿勒泰、迪庆、大理、汕头、库尔勒和阿克苏。这些城市均为省内经济较发达的城市或旅游城市。航线样本中包含 362 条线路，其中 285 条为处理组，77 条为控制组，控制组在 2017 年仍未开通高铁线路。相较以往研究，本章所用数据集为中国第一条高铁开通至四纵四横线路几乎完全建成期间相应航线的运行数据，数据时效性较好，覆盖较为全面，更具现实意义。

　　数据包含的一个维度为时间维度，各航班班次和各航司承运航线的航班数量和旅客运输量为另一个维度，因此数据符合面板数据的定义和特点。本章从飞常准大数据平台中得到的航司和航班数据中进行清洗，得到航线研究中所需的变量，并与《从统计看民航》中的航线数据进行比对校核，汇总得到各航线航班数量和运输人数数据。飞常准公司是全国首个航班信息服务平台，公司与购票平台（如携程、飞猪等）、航空公司（如国航、东航等）和中国民用航空局深度合作，搭建覆盖全国所有航线的航班信息实时处理平台。飞常准大数据平台是飞常准公司在其具备的航班数据基础上，搭建的国内首个全方位民航数据分析平台，因此其航线数据具有较高可信度。本章所用数据来源示例如图 4-1 所示。飞常准大数据平台包含的数据有各航线的航班数量、运输人次、可用座位数、主要承运机型、承运航司以及运量的同比变化率等。

**数据来源:** Data.VariFlight.com
**数据时间:** 2016-07-01~2016-12-31
**数据航司:** 厦门航空有限公司(MF)
**下载时间:** 2019-09-03 15:25:59
**所选机场:** 所有机场
**航线选择:** 所有航线
**经停直飞:** 经停和直飞
**筛选条件:** 无

| 航线 | 架次 | 环比增长率 | 座位数 | 环比增长率 | 主力机型 |
|---|---|---|---|---|---|
| SHA(CN)-XMN(CN) | 3004 | -0.03% | 487424 | 0.03% | B738 |
| FOC(CN)-PEK(CN) | 2061 | -0.39% | 396134 | -0.43% | B787 |
| PEK(CN)-XMN(CN) | 1926 | 0% | 383754 | 0.05% | B787 |
| FOC(CN)-SHA(CN) | 1736 | -0.23% | 270874 | -0.14% | B738 |
| CAN(CN)-XMN(CN) | 1586 | -0.25% | 253906 | -0.27% | B738 |
| CKG(CN)-XMN(CN) | 1365 | 0.07% | 219976 | 0.11% | B738 |
| CTU(CN)-XMN(CN) | 1210 | 0.17% | 212175 | 0.18% | B738 |
| CAN(CN)-FOC(CN) | 1176 | 0% | 191402 | -0% | B738 |
| SHA(CN)-SZX(CN) | 1081 | -0.09% | 182578 | -0.09% | B738 |
| KMG(CN)-XMN(CN) | 1063 | 0% | 177824 | -0.05% | B738 |
| KWE(CN)-XMN(CN) | 893 | 0.11% | 142522 | 0.09% | B738 |
| XIY(CN)-XMN(CN) | 883 | 0.23% | 143342 | 0.18% | B738 |
| CSX(CN)-PEK(CN) | 767 | 0% | 133892 | 0.03% | B738 |
| CTU(CN)-FOC(CN) | 721 | -0.14% | 123419 | -0.14% | B738 |
| HKG(HK)-XMN(CN) | 701 | 0% | 114648 | -0.01% | B738 |
| CKG(CN)-FOC(CN) | 682 | 0.15% | 108486 | 0.23% | B738 |
| CKG(CN)-HGH(CN) | 671 | -0.45% | 113724 | -0.45% | B738 |
| JJN(CN)-PEK(CN) | 667 | -0.15% | 109934 | -0.15% | B738 |
| NKG(CN)-XMN(CN) | 656 | 0.31% | 107778 | 0.32% | B738 |

**图 4-1　民航线路相关数据来源示例（2016 年厦门航空部分线路）**

　　城市对相关数据取自历年《中国城市统计年鉴》、《中国统计年鉴》和各省份发布的地方统计年鉴（以浙江省为例，浙江各市相关数据参考《浙江统计年鉴》）。高铁相关数据取自历年《全国铁路列车时刻表》、铁道部政府网站公告、中国铁路 12306 订票网站（www. 12306. cn）和高铁网（www. gaotie. cn）。高铁开通时间查自《全国铁路列车时刻表》、高铁网和各省政府公告。

以 2016 年长沙至杭州线路为例，本章经数据清洗后获取的各变量数值及数据来源如表 4 - 2 所示。

表 4 - 2　本章所用各参数变量示例及来源

| 参数名称 | 参数样例 | 数据来源 |
|---|---|---|
| 航线城市对 | 长沙—杭州 | 《从统计看民航》、飞常准航线数据库 |
| 航线信息（机场三字码） | CSX（CN）- HGH（CN） | 《从统计看民航》、飞常准航线数据库 |
| 始发地（机场三字码） | CSX（CN） | 飞常准航线数据库 |
| 航段航班数量（次） | 4233 | 飞常准航线数据库 |
| 到达地（机场三字码） | HGH（CN） | 飞常准航线数据库 |
| 航段运输人数（人） | 444616 | 《从统计看民航》、飞常准航线数据库 |
| 高铁开通时间（年/月） | 2014/12 | 《全国铁路列车时刻表》等 |
| 始发地城市 GDP（亿元） | 9356.91 | 《中国城市统计年鉴》 |
| 到达地城市 GDP（亿元） | 11313.72 | 《中国城市统计年鉴》 |
| 始发地城市人口（万人） | 696 | 《中国城市统计年鉴》 |
| 到达地城市人口（万人） | 736 | 《中国城市统计年鉴》 |
| 始发地连网人数（万人） | 227 | 《中国城市统计年鉴》 |
| 到达地连网人数（万人） | 444 | 《中国城市统计年鉴》 |
| 高铁频次（次/天） | 35 | 《全国铁路列车时刻表》等 |
| 高铁到达时间（小时） | 3 小时 57 分 | 《全国铁路列车时刻表》等 |

2. 研究数据概述

2008 年四纵四横高铁线路开始建设，2017 年四纵四横网络基本建设完成。本章所用面板数据反映了 2008 ~ 2017 年 362 条民航线路运输活动水平的变化情况。

本章面板数据包含的 285 条处理组城市对中，2008 年开通高铁线路的城市对有 1 个，2009 年有 5 个，2010 年有 12 个，2011 年有 12 个，2012 年有 31 个，2013 年有 59 个，2014 年有 49 个，2015 年有 70 个，2016 年有 40 个，2017 年有 6 个。

本章的样本 t 检验结果显示，民航客运活动水平在高铁引入前后变化明显。高铁开通前后一年，民航活动水平变化幅度测算结果如图 4 – 2 所示。285 条民航客运航线中，189 条航线在高铁引入后航班班次出现下降，其中京沪线沿线航班数量减少幅度最大，北京至徐州航线、北京至济南航线和济南至徐州航线在京沪线开通后出现了关停。沪汉蓉铁路的减少幅度最小，成都至上海航线的活动水平在高铁开通后几乎没有受到影响。

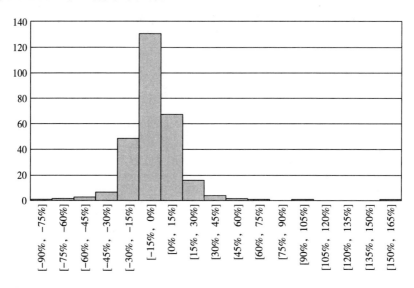

**图 4 – 2　高铁引入当年运输活动水平变化**

从图 4 – 2 中可以看出，45.6% 的航线在高铁开通前后的运量变化比例为 –15% ~0% 。少部分线路在高铁开通后民航活动水平仍在增加，主要原因是：①受 GDP 和人口增加等因素驱动，民航活动水平仍在增加；②这些城市对距离较远，高铁的频次较低，运行时间较长，高铁较之于民航客运没有展现足够的竞争力，例如成都至天津线在高铁开通后仍出现了较大幅度的增长；③高铁引入存在滞后效应，引入月份较晚导致当年引入后的效应不明显。

从距离分布来看，若将本章所用面板数据中的航线距离按照 0 ~ 600 公里、600 ~ 1000 公里、1000 ~ 1500 公里、1500 ~ 2000 公里和 2000 公里以上进行划分，高铁对民航活动水平的影响如表 4 – 3 所示。其中，HSRIntro 为 0 表示高铁引入前一年的民航活动水平情况，为 1 则是高铁引入当年的民航活动水平情况。总体来看，在短距离和中距离运输线路中，高铁对民航运输活动水平存在明显的负面影响，在 0 ~ 600 公里线路中，高铁引入使民航航班数量平均下降了 18.4% ，在

600~1000 公里线路中，高铁引入使民航航班数量平均下降了 12.5%。在中长段的线路中，高铁引入对民航的影响趋于不明显，在 1000~1500 公里线路中，高铁引入使民航航班数量平均下降了 5%，在 1500~2000 公里线路中，高铁引入使民航航班数量平均下降了 0.5%，变化趋势几乎可以忽略不计。在 2000 公里以上的线路中，民航活动水平在高铁引入后仍保持增长，这主要是因为高铁线路在中长距离运输中较之于民航没有明显的优势，其运输时间较长，且高铁运行频次不够多，导致高铁出行不够便捷。

表 4-3 不同城市对距离范围下高铁引入的影响

| 城市对距离<br>（公里） | N | 平均民航航班数量 | | |
|---|---|---|---|---|
| | | 高铁未引入 | 高铁引入 | 变化率（%） |
| 0~600 | 23 | 5058 | 4128 | -18.4 |
| 600~1000 | 48 | 5556 | 4872 | -12.5 |
| 1000~1500 | 65 | 6902 | 6556 | -5.0 |
| 1500~2000 | 69 | 7104 | 7070 | -0.5 |
| 2000 以上 | 80 | 7007 | 7009 | 0.02 |

整体来看，高铁对民航运输的影响比例呈现随运输距离增加而显著减弱的态势。当运输距离小于 600 公里时，民航活动水平将显著受到高铁影响，当运输距离超过 2000 公里时，高铁对沿线民航活动水平几乎没有影响。

截至 2017 年，四纵四横建设基本完成，四纵四横线路基本连接了我国大部分的省会城市和经济发达城市，相应未开通高铁的航线所经城市的经济和社会发展水平相对不高，因此控制组中航线相对处理组航线的活动水平稍低。控制组城市对的平均年运行航班数量为 4162 次，处理组城市对的平均年运行航班数量为 5987 次。样本的整体情况如表 4-4 所示。1000~1500 公里城市对航班较多，平均年运行航班数量为 6038 次，运输人数为 65.9 万人。0~600 公里城市对的航班数量最少，平均年运行航班数量为 4313 次，运输人数为 29.8 万人。

表 4-4 本章所用样本运输人数和航班次数统计值

| 城市对距离（公里） | 观测值数 | 运输人数（万人） | | 航班数量（次） | |
|---|---|---|---|---|---|
| | | 均值 | 标准差 | 均值 | 标准差 |
| 全部样本 | 3620 | 58.20 | 72.65 | 5598.37 | 4215.05 |
| 0~600 | 280 | 29.78 | 26.12 | 4313.03 | 1770.55 |

续表

| 城市对距离（公里） | 观测值数 | 运输人数（万人） | | 航班数量（次） | |
|---|---|---|---|---|---|
| | | 均值 | 标准差 | 均值 | 标准差 |
| 600～1000 | 590 | 46.00 | 42.65 | 5118.37 | 2687.37 |
| 1000～1500 | 750 | 65.89 | 92.41 | 6037.91 | 5124.4 |
| 1500～2000 | 880 | 62.53 | 73.44 | 5731.18 | 4666.33 |
| 2000 以上 | 1120 | 63.17 | 75.02 | 5773.89 | 4181.70 |
| 控制组 | 770 | 48.01 | 38.69 | 4161.59 | 2696.99 |
| 处理组 | 2850 | 60.95 | 79.15 | 5986.55 | 4460.54 |

其他变量的统计结果如表4-5所示。样本中平均城市对总人口为1596.2万人，平均城市对总 GDP 为15092.5亿元，平均城市对总互联网连接人数为345.6万人。

**表4-5　城市对和高铁相关变量统计值**

| | 单位 | 均值 | 标准差 |
|---|---|---|---|
| 城市对总人口 | 万人 | 1596.18 | 829.56 |
| 城市对总 GDP | 亿元 | 15092.50 | 8751.07 |
| 总互联网连接人数 | 万人 | 345.59 | 409.02 |
| 高铁频次 | 次 | 4.02 | 11.11 |
| 高铁运行时间 | 小时 | 6.87 | 9.16 |

### 三、研究方法

以往实证分析研究主要采用固定效应模型、随机效应模型和 DID 模型进行回归分析。DID 模型是用于分析评估政策产生效应的一种方法。四纵四横高铁线路的规划建设是国家发展改革委和交通运输部等国家相关职能部门的共同决策，高铁线路的开通作为影响民航线路的政策具有外生性。本章选取 DID 模型来评估中国国内民航客运线路的航班班次和运输人数受高铁引入的影响，以控制模型内生性。本章将2008～2017年已经开通高铁的城市对设置为处理组，期间仍没有直达高铁的城市对设置为对照组。豪斯曼检验结果显示，应采用固定效应模型进行分析。

本章采用的多期 DID 模型如式（4-1）和式（4-2）所示。

$$\ln(\text{FreqAvi}_{i,t}) = \alpha_0 + \alpha_1 \ln(\text{TGDP}_{i,t}) + \alpha_2 \ln(\text{TPop}_{i,t}) + \alpha_3 \ln(\text{TInt}_{i,t}) +$$
$$\alpha_4 \text{HSRIntro}_{i,t} + \text{Dyear}_t + \text{DRoute}_i + \varepsilon_{i,t} \qquad (4-1)$$

$$\ln(\text{QuantityTrans}_{i,t}) = \beta_0 + \beta_1 \ln(\text{TGDP}_{i,t}) + \beta_2 \ln(\text{TPop}_{i,t}) + \beta_3 \ln(\text{TInt}_{i,t}) +$$
$$\beta_4 \text{HSRIntro}_{i,t} + \text{Dyear}_t + \text{DRoute}_i + \varepsilon_{i,t} \qquad (4-2)$$

其中，FreqAvi 为航线的运输航班次数，TGDP 表示城市对的 GDP 之和，TPop 为城市对人口之和，TInt 为城市对连接互联网总人数，HSRIntro 表示高铁是否引入，Dyear 为控制时间的固定效应，DRoute 为控制线路的固定效应，i 表示各城市对和航线，t 表示样本所包含各期，$\alpha_4$ 表示高铁对民航运输航班次数的平均替代效应。运输人数的回归模型与运输班次相类似，QuantityTrans 表示线路每年的运输人数，$\beta_4$ 表示高铁对航线运输人数的平均替代效果。本章最关注的系数为 $\alpha_4$ 和 $\beta_4$。

考虑到高铁运行频次和高铁引入虚拟变量存在共线性，本章分别对高铁引入和高铁频次的影响进行评估，如式（4-3）和式（4-4）所示。其中，HSRFreq 为城市对间每天运行的直达高铁次数。式（4-3）和式（4-4）反映了高铁便捷程度对其替代效应的影响。

$$\ln(\text{FreqAvi}_{i,t}) = \alpha_0 + \alpha_1 \ln(\text{TGDP}_{i,t}) + \alpha_2 \ln(\text{TPop}_{i,t}) + \alpha_3 \ln(\text{TInt}_{i,t}) +$$
$$\alpha_4 \text{HSRFreq}_{i,t} + \text{Dyear}_t + \text{DRoute}_i + \varepsilon_{i,t} \qquad (4-3)$$

$$\ln(\text{QuantityTrans}_{i,t}) = \beta_0 + \beta_1 \ln(\text{TGDP}_{i,t}) + \beta_2 \ln(\text{TPop}_{i,t}) + \beta_3 \ln(\text{TInt}_{i,t}) +$$
$$\beta_4 \text{HSRFreq}_{i,t} + \text{Dyear}_t + \text{DRoute}_i + \varepsilon_{i,t} \qquad (4-4)$$

本章引入交互项，基于特定高铁线路沿线、不同城市对距离下航线、不同高铁运行时间范围下的内陆航线和沿海航线展开异质性分析，分析不同运输距离和运输时间下高铁运输的相对竞争力，量化不同运输距离和运行时间下高铁替代效果的影响关系，如式（4-5）和式（4-6）所示。

$$\ln(\text{FreqAvi}_{i,t}) = \alpha_0 + \alpha_1 \ln(\text{TGDP}_{i,t}) + \alpha_2 \ln(\text{TPop}_{i,t}) + \alpha_3 \ln(\text{TInt}_{i,t}) +$$
$$\alpha_4 \text{HSRIntro}_{i,t} + \alpha_6 \text{HSRIntro}_{i,t} \cdot \text{Dum}_{i,t} + \text{Dyear}_t + \text{DRoute}_i + \varepsilon_{i,t}$$
$$(4-5)$$

$$\ln(\text{QuantityTrans}_{i,t}) = \alpha_0 + \alpha_1 \ln(\text{TGDP}_{i,t}) + \alpha_2 \ln(\text{TPop}_{i,t}) + \alpha_3 \ln(\text{TInt}_{i,t}) +$$
$$\alpha_4 \text{HSRIntro}_{i,t} + \alpha_6 \text{HSRIntro}_{i,t} \cdot \text{Dum}_{i,t} + \text{Dyear}_t +$$
$$\text{DRoute}_i + \varepsilon_{i,t} \qquad (4-6)$$

其中，Dum 在某特定线路符合设置条件时取值为 1。例如，Distance 和 Time 分别表示城市对中高铁的运行距离和运行时间，Dum（Distance > 1400）即在城市对间高铁运行距离超过 1400 公里时取值为 1，不足 1400 公里时取值为 0；Dum

（Time ＞4）即在城市对间高铁运行时间超过 4 小时的取值为 1，不足 4 小时的取值为 0。$\alpha_4$ 和 $\alpha_6$ 分别为本章最关注的系数，分别表示高铁引入对民航运输水平的替代效应以及线路满足某一特定条件时的额外替代效应。

### 四、平行趋势检验

对于多期 DID 模型的平行趋势检验，本章参考 Jia Ruining 等（2021）和 Lin 等（2017）提出的方法，即引入虚拟变量评估高铁引入当期前后的效应。由于本章采用的数据中绝大多数线路在 2010～2014 年开通高铁，因此本章选取期数为 −8～5。具体回归模型如式（4−7）所示。

$$\ln(\mathrm{FreqAvi}_{i,t}) = \alpha_0 + \sum_{k=-8}^{5} \beta_k \cdot \mathrm{Dump}_{i,t,k} + \gamma X_{i,t} + \mathrm{Dyear}_t + \mathrm{DRoute}_i + \varepsilon_{i,t}$$

$$(4-7)$$

其中，k 表示期数，Dump 为虚拟变量，如果线路 i 的高铁在（t−k）期开通，则该变量取值为 1，否则取值为 0。X 表示上一节提到的各控制变量构成的向量。

图 4−3 和图 4−4 分别为对民航运输班次和运输人数的回归结果，表征 95% 置信区间的直接效应。从图中结果可以看到，高铁开通前处理组和控制组保持了同样的发展趋势，本章认为符合平行趋势假设。

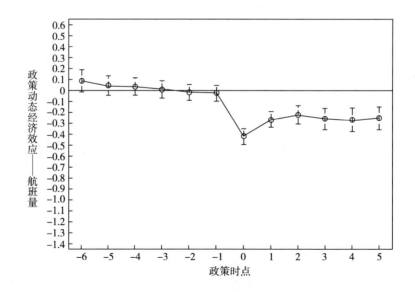

**图 4−3 民航航班数量平行趋势检验**

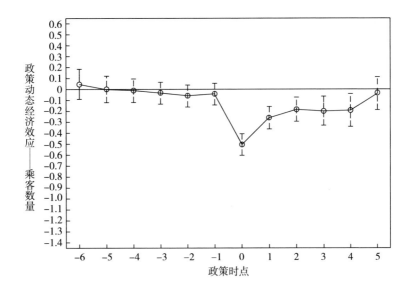

**图 4 - 4　民航客运人数平行趋势检验**

图 4 - 4 显示，高铁引入后民航客运人数在后期出现先降后增的现象，这可能是由于高铁开通当期对民航的冲击较大，但在冲击后替代效应逐渐趋于平稳，替代效应有所减弱。从图 4 - 3 可以看出，高铁对民航航班数量的替代效应在高铁引入后也存在类似的逐渐过渡到平稳的过程。

# 第三节　分析结果

## 一、整体回归结果

表 4 - 6 显示了采用 GDP、人口和城市中连接网络人数作为控制变量时，高铁引入和高铁频次对民航活动水平的替代效果。模型（1）和模型（2）是民航运输活动水平受高铁引入影响的回归结果，模型（3）和模型（4）为高铁通行频率影响的分析结果，模型（5）和模型（6）为考虑高铁引入滞后效应的分析结果。结果表明，GDP 对民航线路运输水平有显著正向影响。人口对民航运输活动水平影响不显著，且在对运输航班回归时其系数为负，这可能是由于本章采用的人口数据为户籍人口数据，户籍人口数据整体变动趋势不明显，因此分析结果显示，城市对人口与民航运输活动水平相关性不强。连接到网络的人数与民航活

动水平存在正相关性，在 1% 显著性水平下显著。三个控制变量在后续的回归结果中也基本均在 1% 和 5% 显著性水平下显著。GDP 每增长 1%，航班次数随之增加 0.09%，运输人数随之增加 0.05%。互联网连接人数每增长 1%，航班次数随之增加 0.02%。

表 4-6　整体回归结果

| 变量 | （1）航班次数 | （2）运输人数 | （3）航班次数 | （4）运输人数 | （5）航班次数 | （6）运输人数 |
|---|---|---|---|---|---|---|
| HSRIntro | -0.339*** | -0.383*** | | | | |
| | (0.027) | (0.036) | | | | |
| FreqHSR | | | -0.018*** | -0.022*** | | |
| | | | (0.001) | (0.002) | | |
| 高铁滞后效应 | | | | | -0.501*** | -0.582*** |
| | | | | | (0.024) | (0.025) |
| ln（TPop） | -0.067 | 0.124 | -0.134 | 0.058 | -0.055 | 0.115 |
| | (0219) | (0.298) | (0.217) | (0.294) | (0.222) | (0.302) |
| ln（TGDP） | 0.395*** | 0.198*** | 0.565*** | 0.375* | 0.443*** | 0.287 |
| | (0.149) | (0.203) | (0.147) | (0.199) | (0.152) | (0.207) |
| ln（TInt） | 0.058*** | 0.049*** | 0.053*** | 0.045*** | 0.052*** | 0.041 |
| | (0.022) | (0.030) | (0.022) | (0.029) | (-0.023) | (0.030) |
| 观测值数 | 3620 | 3620 | 3620 | 3620 | 3620 | 3620 |
| $R^2$ | 0.179 | 0.106 | 0.192 | 0.124 | 0.156 | 0.086 |
| 线路数量 | 362 | 362 | 362 | 362 | 362 | 362 |

注：*** 表示 $p < 0.01$，* 表示 $p < 0.1$；高铁滞后效应是指将 HSRIntro 变量替换为（$HSRIntro_t$ + $HSRIntro_{t-1}$）/2。

高铁引入变量 HSRIntro 在模型（1）至模型（4）中拟合系数均为负值。模型（1）和模型（2）中 HSRIntro 的系数分别为 -0.339 和 -0.383，在 1% 显著性水平下显著，表明高铁引入对航班次数和运输人数的平均影响分别为 28.7% 和 31.8%。

高铁频次的提高将显著减少民航线路的航班次数和客运量。模型（3）和模型（4）中高铁频次变量的对应系数分别为 -0.018 和 -0.022，在 1% 水平下显著。但是高铁频次增加对民航运输的削减效果从数据上看不够明显。这主要是因为高铁频次在短期内的增加不明显，除少部分主干线外，绝大多数高铁线路后期加派的高铁频次数量有限。

高铁引入存在明显的滞后效应，即高铁引入当年产生的效应有限，主要会在后续 2 ~ 3 年内产生明显的影响。这主要是因为：①高铁引入时间具体到月份可能在下半年，对当年的民航活动水平产生影响的时间长度不够；②高铁引入当年的频次较低，推广度有限。以往研究中也报告了高铁引入的类似特性。因此，本章将高铁引入当年和下一年两个虚拟变量 $HSRIntro_t$ 和 $HSRIntro_{t-1}$ 求和并取其平均值来替代之前的 HSTIntro 变量，以规避两者分别处理产生的共线性问题。结果表明，高铁引入两年后的影响要大于高铁引入当年对民航运输活动水平的影响。如模型（5）和模型（6）所示，高铁产生的影响更趋明显且随时间推移而逐渐提高，在高铁引入两年之后，高铁引入会使航班次数和运输人数分别减少约40%，高铁引入当年对民航运输班次和运输人数的替代效果约为 30%。结果表明，高铁引入对民航运输的影响存在滞后效应。

整体回归结果的 $R^2$ 值较低，主要原因有：①对民航运输水平产生影响的因素较多，从面板数据中可以看出，部分线路民航运输水平存在不受高铁引入影响的自然波动；②数据没有完全覆盖所有受高铁影响的民航线路，面板数据中的部分线路运量水平较低、代表性不强，例如新疆等地区的航线；③年度数据相对季度数据来说精度不够，航线运行水平存在季节性变化，在节假日密集的季度航线运输水平高，更容易显现高铁对民航运输水平的替代影响。

**二、高铁线路运行时间对民航客运的影响**

高速铁路运行时间过长会影响乘客的体验和增加旅客的出行时间成本，进而影响消费者的出行选择。因此，必须分别分析不同航程或高铁运行距离下高铁相较于民航运输的竞争力。

结合建立的面板数据，本章分别对运行时间为 4 小时和 6 小时以上的高铁线路对相应民航线路的客运量影响情况进行回归分析。如表 4 - 7 所示，模型（1）和模型（2）为高铁运行时间超过 4 小时的分析结果，模型（3）和模型（4）为高铁运行时间超过 6 小时的分析结果。当高铁运行时间超过 4 小时和 6 小时时，高铁产生的影响依然显著，然而其对民航活动水平影响的比例有所下降，4 小时以上和 6 小时以上的民航线路航班次数受影响比例分别约为 17.6% 和 13.5%，对运输人数的影响分别为 14.8% 和 11.8%。

引入虚拟变量以区分不同运行时间范围的民航客运线路，结果如表 4 - 8 所示。以模型（1）为例，本章引入 DTime 虚拟变量，当线路高铁运行时间大于 4 小时时该变量取值为 1。

表 4-7　运行时间 4 小时及 6 小时以上线路分析结果

| 变量 | (1) 航班次数 | (2) 运输人数 | (3) 航班次数 | (4) 运输人数 |
|---|---|---|---|---|
| HSRIntro | -0.193*** | -0.160*** | -0.145*** | -0.125*** |
| | (0.025) | (0.006) | (0.005) | (0.006) |
| 人口（TPop） | 0.100 | 0.254** | 0.115 | 0.217** |
| | (0.099) | (0.105) | (0.097) | (0.102) |
| GDP（TGDP） | 0.503*** | 0.364*** | 0.406*** | 0.324*** |
| | (0.067) | (0.071) | (0.066) | (0.069) |
| 连接互联网人数（TInt） | 0.057*** | 0.046*** | 0.040*** | 0.026*** |
| | (0.010) | (0.010) | (0.009) | (0.010) |
| 常数项 | -1.106** | 1.472** | -0.294 | 2.025*** |
| | (0.542) | (0.576) | (0.527) | (0.554) |
| 观测值数 | 3250 | 3250 | 2720 | 2720 |
| $R^2$ | 0.289 | 0.190 | 0.271 | 0.168 |
| 线路数量 | 325 | 325 | 272 | 272 |

注：***表示 $p < 0.01$，**表示 $p < 0.05$。

表 4-8　不同高铁时间对运输班次和运输人数的影响的分析结果

| 变量 | (1) 小于 4h 航班次数 ln（FreqAvi） | (2) 小于 6h 航班次数 ln（FreqAvi） | (3) 小于 4h 运输人数 ln（QuantityTrans） | (4) 小于 6h 运输人数 ln（QuantityTrans） |
|---|---|---|---|---|
| 高铁是否引入（HSRIntro） | -1.351*** | -0.834*** | -1.740*** | -1.020*** |
| | (0.037) | (0.046) | (0.057) | (0.087) |
| 交互项（t>4h）[HSRIntro * DTime（t>4h）] | 1.134*** | | 1.520*** | |
| | (0.077) | | (0.035) | |
| 交互项（t>6h）[HSRIntro * DTime（t>6h）] | | 0.701*** | | 0.902*** |
| | | (0.038) | | (0.053) |
| 观测值数 | 3620 | 3620 | 3620 | 3620 |
| $R^2$ | 0.269 | 0.255 | 0.201 | 0.180 |
| 线路数量 | 362 | 362 | 362 | 362 |

注：***表示 $p < 0.01$。

结果表明，高铁线路运行时间范围在 4 小时以内时对民航线路的打击是毁灭性的，对航班次数和运输人数的显著影响系数分别为 -1.351 和 -1.74，均在 1% 显著性水平下显著，高铁使民航班次和运输人数分别减少了 74.2% 和 82.5%。部分 4 小时以内高铁线路使相应民航航线直接关停，例如北京至济南、上海至徐州、北京至徐州等京沪高铁沿线航线在高铁引入后关停。交互项系数为1.134，表明高铁运行时间超过4小时时高铁竞争力明显下降。高铁运行时间在6小时以内，影响仍然较为显著，系数分别为 $-0.834$ 和 $-1.02$，在1%显著性水平下显著，对航班班次和运输人数的影响分别为56.6%和64%。

表4-9为将各运行时间段作为虚拟变量引入后的分析结果。其中，按照城市对间高铁运行时间划分，以2小时为一个阈值，若在该阈值范围内就将对应虚拟变量（DTime）取值为1。不同高铁运行时间范围内高铁对民航运输班次的影响系数如图4-5所示。由于本章收集的面板数据中仅有北京到济南线的运行时间在2小时以内，因此未列出0~2小时的影响系数。2~4小时、4~6小时、6~8小时、8~10小时和10小时以上运行范围内高铁对民航航班次数的影响系数分别为 $-1.398$、$-0.55$、$-0.137$、$-0.114$ 和 $-0.057$。当高铁运行时间超过6小时时，其对民航运输水平的替代效应已经不明显。

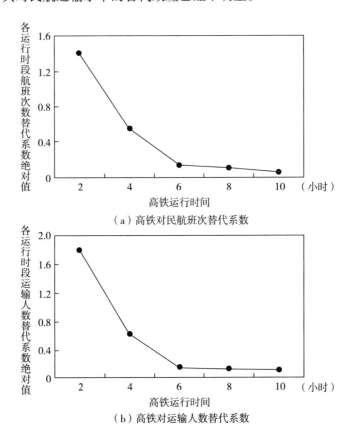

（a）高铁对民航班次替代系数

（b）高铁对运输人数替代系数

图4-5　高铁对民航运输水平替代回归系数绝对值

表4-9 各运行时间段内高铁对民航替代效应分析结果

| | 2~4小时 | | 4~6小时 | | 6~8小时 | | 8~10小时 | | 10小时以上 | |
|---|---|---|---|---|---|---|---|---|---|---|
| | 航班次数 | 运输人数 | 航班次数 | 运输人数 | 航班次数 | 运输人数 | 航班次数 | 运输人数 | 航班次数 | 运输人数 |
| $\ln(TGDP)$ | 0.420*** | 0.232 | 0.401*** | 0.206 | 0.444*** | 0.254*** | 0.405*** | 0.211 | 0.375** | 0.167 |
| | (0.141) | (0.191) | (0.149) | (0.202) | (0.149) | (0.103) | (0.149) | (0.203) | (0.149) | (0.203) |
| $\ln(TPop)$ | -0.070 | 0.119 | -0.076 | 0.114 | -0.013 | 0.186 | -0.067 | 0.124 | -0.095 | 0.079 |
| | (0.206) | (0.281) | (0.218) | (0.297) | (0.218) | (0.297) | (0.218) | (0.297) | (0.219) | (0.297) |
| $\ln(TInt)$ | 0.058*** | 0.048* | 0.054** | 0.045 | 0.062*** | 0.053* | 0.060*** | 0.051* | 0.053** | 0.042 |
| | (0.020) | (0.028) | (0.022) | (0.030) | (0.022) | (0.030) | (0.022) | (0.030) | (0.022) | (0.030) |
| 高铁是否引入(HSRIntro) | -0.217*** | -0.217*** | -0.290*** | -0.327*** | -0.390*** | -0.442*** | -0.413*** | -0.497*** | -0.443*** | -0.507*** |
| | (0.026) | (0.026) | (0.028) | (0.038) | (0.028) | (0.038) | (0.028) | (0.038) | (0.028) | (0.038) |
| 交互项(HSRIntro*DTime) | -1.181*** | -1.582*** | -0.260*** | -0.297*** | 0.253*** | 0.290*** | 0.299*** | 0.346*** | 0.386*** | 0.396*** |
| | (0.058) | (0.079) | (0.047) | (0.064) | (0.045) | (0.061) | (0.050) | (0.068) | (0.050) | (0.068) |
| 观测值数 | 3620 | 3620 | 3620 | 3620 | 3620 | 3620 | 3620 | 3620 | 3620 | 3620 |
| $R^2$ | 0.269 | 0.213 | 0.271 | 0.242 | 0.214 | 0.185 | 0.143 | 0.114 | 0.181 | 0.109 |
| 线路数量 | 362 | 362 | 362 | 362 | 362 | 362 | 362 | 362 | 362 | 362 |
| Prob>F | 0.0000 | 0.0000 | 0.0000 | 0.0000 | 0.0000 | 0.0000 | 0.0000 | 0.0000 | 0.0000 | 0.0000 |

注: *** 表示 $p<0.01$, ** 表示 $p<0.05$, * 表示 $p<0.1$。

在 2 ~ 4 小时内,高铁影响最为明显,高铁对民航航班数量的影响为 75.3%。4 ~ 6 小时、6 ~ 8 小时、8 ~ 10 小时和 10 小时以上高铁对民航班次的影响分别为 42.3%、12.8%、10.8% 和 5.5%。超过 10 小时的高铁线路对民航班次的影响不显著,降至 10% 以内。整体来看,具有显著影响的高铁运行时间范围是 6 小时以内,对应于约 1500 公里以内的运行范围,在 500 ~ 1500 公里运行范围内高铁和民航的竞争较激烈。该分析结果与其他研究相类似。

民航运输人数的分析结果与航班班次结果类似。五种运行时间段内高铁对民航运输人数的替代系数分别为 - 1.799、- 0.624、- 0.152、- 0.131 和 - 0.111,高铁对民航运输人数的替代比例分别为 83.5%、62.4%、15.2%、13.1% 和 11.1%。2 ~ 6 小时运行范围内民航运输人数受高铁引入影响而显著减少,运行时间超过 6 小时的高铁线路对民航运输人数的替代效果则迅速减弱。

### 三、高铁线路运行距离对其竞争力的影响

随着高铁运输距离的增加,其在城间客运市场中的占比将随之下降。高铁距离较长也会使高铁吸引力下降,高铁在较长距离的城间客运中处于劣势。针对不同高铁运行距离本书采用和运行时间相类似的处理办法,将距离划分为 0 ~ 600 公里、600 ~ 1000 公里、1000 ~ 1500 公里。表 4 - 10 中模型(1)、模型(2)、模型(3)和模型(4)分别对应上述四个高铁运行距离范围。总体来看,在小于 600 公里的航线中民航受影响最大,虚拟变量系数为 - 1.271,在 1% 显著性水平下显著。四种距离范围下高铁对民航航班次数影响的比例分别是 71.8%、56.4%、24.5% 和 9.9%。当距离超过 1000 公里时,高铁的竞争力下降明显。

表 4 - 10　不同高铁运行距离范围下民航客运受影响情况分析结果

| 变量 | (1)<br>(0, 600)<br>航班次数<br>ln(FreqAvi) | (2)<br>(600, 1000)<br>航班次数<br>ln(FreqAvi) | (3)<br>(1000, 1500)<br>航班次数<br>ln(FreqAvi) | (4)<br>(1500, 2000)<br>航班次数<br>ln(FreqAvi) |
|---|---|---|---|---|
| HSRIntro | - 1.271 ***<br>(0.005) | - 0.830 ***<br>(0.015) | - 0.267 **<br>(0.005) | - 0.095<br>(0.009) |
| ln(TPop) | - 2.395 ***<br>(0.510) | - 0.355<br>(0.354) | 0.236<br>(0.216) | - 0.004<br>(0.160) |
| ln(TGDP) | 0.104<br>(0.327) | 0.656 ***<br>(0.199) | 0.460 ***<br>(0.126) | 0.150<br>(0.118) |

| 变量 | (1)<br>(0, 600)<br>航班次数<br>ln (FreqAvi) | (2)<br>(600, 1000)<br>航班次数<br>ln (FreqAvi) | (3)<br>(1000, 1500)<br>航班次数<br>ln (FreqAvi) | (4)<br>(1500, 2000)<br>航班次数<br>ln (FreqAvi) |
|---|---|---|---|---|
| ln (Tint) | 0.113 *** | 0.065 ** | 0.046 ** | 0.052 *** |
| | (0.041) | (0.029) | (0.019) | (0.017) |
| 常数项 | 9.556 *** | -0.909 | -1.133 | 2.018 ** |
| | (2.859) | (1.522) | (1.044) | (0.922) |
| 观测值数 | 280 | 590 | 750 | 880 |
| $R^2$ | 0.237 | 0.346 | 0.240 | 0.285 |
| 线路数量 | 28 | 59 | 75 | 88 |

注: *** 表示 $p < 0.01$, ** 表示 $p < 0.05$。

与高铁运行时间异质性分析类似,若引入虚拟变量区分不同高铁运行距离,其分析结果如表4-11所示。本章分别对600公里以内、1000公里以内和1400公里以内高铁对民航运输替代水平进行分析,并引入交互项表征高铁运行距离是否大于600公里、1000公里和1400公里。模型(1)和模型(4)的研究结果表明,高铁距离在600公里以内时,民航线路受到的影响显著,民航班次和运输人数分别因高铁开通而减少了69.2%和77%。1000公里以内和1400公里以内的高铁线路对民航的影响相对较小。模型(2)和模型(5)表明,1000公里以内高铁线路对民航运输班次和运输人数的影响分别为58.9%和66.7%,1400公里以内高铁线路对民航运输班次和运输人数的影响分别为45.8%和52.4%。当高铁运行距离超过1400公里时,高铁的影响系数变为-0.102,对民航的影响不明显。

表4-11 不同运输距离下高铁对民航运输替代效应分析

| 变量 | (1)<br><600km<br>航班次数 | (2)<br><1000km<br>航班次数 | (3)<br><1400km<br>航班次数 | (4)<br><600km<br>运输人数 | (5)<br><1000km<br>运输人数 | (6)<br><1400km<br>运输人数 |
|---|---|---|---|---|---|---|
| 高铁是否引入<br>(HSRIntro) | -1.174 *** | -0.889 *** | -0.614 *** | -1.467 *** | -1.101 *** | -0.741 *** |
| | (0.075) | (0.041) | (0.033) | (0.102) | (0.056) | (0.053) |
| 交互项[a]<br>(>600km) | 0.890 *** | | | 1.156 *** | | |
| | (0.075) | | | (0.102) | | |

续表

| 变量 | （1）<br><600km<br>航班次数 | （2）<br><1000km<br>航班次数 | （3）<br><1400km<br>航班次数 | （4）<br><600km<br>运输人数 | （5）<br><1000km<br>运输人数 | （6）<br><1400km<br>运输人数 |
|---|---|---|---|---|---|---|
| 交互项[b]<br>（>1000km） | | 0.717***<br>（0.042） | | | 0.938***<br>（0.053） | |
| 交互项[c]<br>（>1400km） | | | 0.490***<br>（0.036） | | | 0.639***<br>（0.048） |
| 观测值数 | 3620 | 3620 | 3620 | 3620 | 3620 | 3620 |
| $R^2$ | 0.213 | 0.247 | 0.223 | 0.140 | 0.174 | 0.150 |
| 线路数量 | 362 | 362 | 362 | 362 | 362 | 362 |

注：a. 模型（1）和模型（4）的交互项为 HSRIntro * Dum（>600km）。b. 模型（2）和模型（5）的交互项为 HSRIntro * Dum（>1000km）。c. 模型（3）和（6）的交互项为 HSRIntro * Dum（>1400km）；*** 表示 $p < 0.01$，** 表示 $p < 0.05$，* 表示 $p < 0.1$。

表4-11的研究结果表明，中国高铁运输距离在1000公里以内时竞争力很强，对民航运输的替代效果显著，但是超出1400公里后高铁的替代效果明显减弱。

不同运输距离下高铁对民航运输的替代比例分析结果与不同运输时间下的分析结果类似，呈现随距离增加而逐渐减弱的趋势。但高铁运行时间受停站时间、运行速度等因素影响，相较于运行距离更能直观反映高铁的运行情况。例如，北京至上海的高铁直达时间为4~7小时，与停站数、运行速度等因素直接相关。因此，本章认为采用高铁运行时间对高铁竞争力进行区分更具现实意义。

## 四、高铁地理区位对其竞争力的影响

由于中国东部、西部和中部地区的发展特点和经济水平存在差异，因此高铁在不同地理区位中的影响也存在不同。本章对西部到东部和中部到西部的高铁线路对民航客运的影响进行分析，分析结果如表4-12所示。模型（1）和模型（3）引入虚拟变量和交互项表征高铁线路是否属于西部到东部的连接线，模型（2）和模型（4）引入虚拟变量和交互项表征高铁线路是否属于中部到西部的连接线。

表 4 - 12　不同地理区位高铁对民航运输水平的影响

| 变量 | (1)<br>西部到东部<br>航班次数 | (2)<br>中部到西部<br>航班次数 | (3)<br>西部到东部<br>运输人数 | (4)<br>中部到西部<br>运输人数 |
|---|---|---|---|---|
| 高铁是否引入（HSRIntro） | − 0. 389 *** | − 0. 481 *** | − 0. 452 *** | − 0. 545 *** |
| | (0. 028) | (0. 042) | (0. 038) | (0. 057) |
| 交互项（西部到东部）<br>［HSRIntro ∗ Dum（W to E）］ | 0. 291 *** | | 0. 396 *** | |
| | (0. 048) | | (0. 065) | |
| 交互项（中部到西部）<br>［HSRIntro ∗ Dum（M to W）］ | | 0. 191 *** | | 0. 218 *** |
| | | (0. 043) | | (0. 079) |
| 观测值数 | 3620 | 3620 | 3620 | 3620 |
| $R^2$ | 0. 188 | 0. 184 | 0. 116 | 0. 110 |
| 线路数量 | 362 | 362 | 362 | 362 |

注：∗∗∗ 表示 $p < 0.01$。

　　模型（1）和模型（3）表明，西部到东部航线受高铁影响较小，高铁引入变量的系数分别为 − 0. 098 和 − 0. 056。西部到东部航线受到的影响低于全国平均水平，可能原因是沿江通道建设较早，运行速度较慢，动车组在长距离运输中没有优势。模型（2）和模型（4）表明，中部到西部航线受高铁影响程度也低于全国平均水平，民航运输班次和运输人数受高铁影响的比例分别为 25. 2%和 27. 9%。

　　中部到西部和西部到东部的线路对旅客是否选择民航出行的影响不大。原因在于：一方面，高铁网络集中在东部地区，中部和西部的线路数量有限；另一方面，运输距离较长的情况下高铁对民航的替代比例有限。

## 第四节　中国高铁发展规划对民航客运的影响

　　随着中国高铁发展规划的逐步实施，高速铁路覆盖的机场数量将进一步增加，覆盖区域也将进一步扩大。新增覆盖机场数量为 69 个，现已覆盖机场数量为 71 个。新增覆盖的机场仍以东部和中部地区为主，西部地区的机场较少。

　　未来高铁规划对民航客运的影响主要分为三个方面：①新增覆盖的机场与现已覆盖机场之间构成的民航线路，可能因高铁引入而出现运量减少；②新增覆盖机场之间的航线可能受到影响；③原有线路提速缩减城市对之间到达时间，可能进一步减少对应线路运量。

本章结合《从统计看民航》和飞常准航线级数据库，对新增覆盖机场与现有机场之间的民航线路和新增覆盖机场之间构成的民航线路的运量进行统计，如表4-13所示。考虑到不同运输距离下高铁竞争力不同，本章选取高铁运行时间范围对航线进行划分。高铁运行时间综合考虑了停站时间、运行时间和高铁运行速度，与直线距离和高铁运输距离相比能更为直观地反映特定运输市场中高铁的竞争力。不同运输时间下的替代效果方面，本章参考第三节的分析结果并结合获取的航线级别数据，假设运行时间为0~4小时、4~6小时、6~8小时、8~10小时和10小时以上高铁开通运行对民航客运航班数量替代效果分别为75%、42%、13%、11%和6%。

表4-13　以2018年航班数量统计为基础测算八纵八横引入的可能影响

| 运行时间 | 替代效果（%） | 涉及航线数量（条） | 涉及航班数量（次） | 被替代航班数量（次） |
|---|---|---|---|---|
| 0~4小时 | 75 | 205 | 232579 | 174434 |
| 4~6小时 | 42 | 243 | 303884 | 127631 |
| 6~8小时 | 13 | 225 | 349898 | 45487 |
| 8~10小时 | 11 | 101 | 119302 | 13123 |
| 10小时以上 | 6 | 59 | 85373 | 5122 |

新覆盖机场共涉及834条当前已开通的国内客运航线，这些航线对应高铁运行时间以0~8小时为主。以2018年航班统计数据为依据，0~4小时、4~6小时、6~8小时和8~10小时可能分别减少17.4万次、12.8万次、4.5万次和1.3万次航班，总体替代36.6万次航班，整体替代率为8.8%。从航班分布来看，72.3%的航班为连接东部区域的航班。

新高铁规划下部分已有线路将会更新提速。四纵四横线路中的沪汉蓉客运专线将被八纵八横的沿江通道取代，杭福深客运专线将整合为沿海通道并实现提速。沪汉蓉客运专线和杭福深客运专线是四纵四横中的一横和一纵，线路提速将对沿线城市对应的航线运量产生影响。由于其他仍以200公里时速运行的线路长度较短、不具备整体性、途经的主要城市较少，本章不考虑除这两条线路以外的高铁提速。沿江通道沿线机场有（机场名称，括号内为机场三字码）上海虹桥国际机场（SHA）、上海浦东国际机场（PVG）、南京禄口国际机场（NKG）、合肥新桥国际机场（HFE）、武汉天河国际机场（WUH）、宜昌三峡机场（YIH）、重庆江北国际机场（CKG）和成都双流国际机场（CTU）。沿海通道杭福深段受提速影响的沿线机场有（机场名称，括号内为机场三字码）宁波栎社国际机场（NGB）、台州路桥机场（HYN）、温州龙湾国际机场（WNZ）、福州长乐国际机场（FOC）、泉州晋江机场（JJN）、厦门高崎国际机场（XMN）、揭阳潮汕国际机场（SWA）、惠州平潭机场（HUZ）和深圳宝安国际机场（SZX）。

高铁提速后沿江通道和沿海通道受影响线路为 64 条，其中 5 条线路在提速后运行时间将缩短至 4 小时以内。在同样的替代率假设下，以 2018 年民航客运统计数据为例，高铁提速将额外替代 2.4 万次航班，整体替代率为 0.7%。高铁提速带来的航班替代比例与新线开通的替代效果相比较低。

50 万人口以上城市均实现高铁通达后，高铁将几乎覆盖所有机场。

本章暂不考虑未来机场建设规划和航班数量的增长。若以 2018 年航班统计数据为依据，在同样的航班替代比例假设下，0 ~ 4 小时、4 ~ 6 小时、6 ~ 8 小时和 8 ~ 10 小时可能分别减少 51.3 万次、33.1 万次、11.2 万次和 7.6 万次航班，总体替代 108.7 万次航班，整体替代率为 26.2%。具体结果如表 4 - 14 所示。

**表 4 - 14　以 2018 年航班数量统计为基础测算 50 万人口以上城市高铁通达后的影响**

| 运行时间 | 替代效果（%） | 涉及航班数量（次） | 被替代航班数量（次） |
|---|---|---|---|
| 0 ~ 4 小时 | 75 | 683393 | 512545 |
| 4 ~ 6 小时 | 42 | 787143 | 330600 |
| 6 ~ 8 小时 | 13 | 864389 | 112371 |
| 8 ~ 10 小时 | 11 | 686863 | 75555 |
| 10 小时以上 | 6 | 938623 | 56317 |

# 第五节　中国现行高铁规划的减排效果

未来高铁发展规划下，各航线民航客运航班将被进一步替代，会一定程度上缓解民航运输的减排压力。本节将在前文的替代分析结果的基础上，结合航线级数据、各机型的起飞能耗、巡航距离、巡航能效等参数，计算中国已经公布的高铁建设规划下的减碳效益。各航线航班所用机型的起飞能效和巡航能效取自国际民航组织和其他研究机构的研究结果。

八纵八横通达新覆盖的航线中，各类机型使用比例如图 4 - 6 所示。主要采用机型有 A320、B737、A321、A319、ERJ、CRJ、B738、MA6 和 E190 等，机型选取仍以窄体客机和支线客机为主。窄体客机执飞比例为 88.2%，考虑各机型的能效和飞行距离，在对巡航能效进行修正后，高铁带来的节能减排效益如表 4 - 15 所示。从 2018 年航班情况来看，0 ~ 4 小时、4 ~ 6 小时、6 ~ 8 小时、8 ~ 10 小时和 10 小时以上受影响航线的能耗情况分别是 4.2 万吨、20.1 万吨、13.4 万吨、17.2 万吨和 7.2 万吨，相应替代产生节能效果分别为 4.2 万吨、20.1 万吨、13.4 万吨、17.2 万吨和 7.2 万吨，减少直接碳排放为 187.8 万吨。与之类似，50 万人口城市高铁通达之后，高铁产生的节能减排效果为 208.9 万吨航空煤油和 631.1 万吨直接二氧化碳排放。

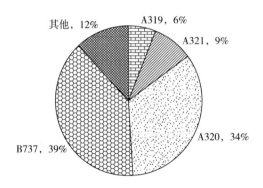

图 4 - 6    2018 年八纵八横影响航线采用机型情况

表 4 - 15    八纵八横线路影响航线的运行能耗

| 运行时间 | 替代效果（%） | 能耗<br>（万吨） | 节能效益<br>（万吨） | 减排效果<br>（万吨） |
|---|---|---|---|---|
| 0 ~ 4 小时 | 75% | 5.6 | 4.2 | 12.8 |
| 4 ~ 6 小时 | 42% | 47.8 | 20.1 | 60.7 |
| 6 ~ 8 小时 | 13% | 103.4 | 13.4 | 40.6 |
| 8 ~ 10 小时 | 11% | 156.6 | 17.2 | 52.0 |
| 10 小时以上 | 6% | 119.6 | 7.2 | 21.7 |

# 第六节　本章小结

本章基于 2008～2017 年航线级历史数据，采用多期 DID 模型，分析了高铁引入对中国民航客运的影响，并对不同距离范围、不同运行时间范围的高铁对民航运输水平的替代情况进行探究，以 2018 年为基础，分析了八纵八横开通后和 50 万人口以上城市高铁通达后中国民航整体的受影响程度，主要结论如下：

（1）高铁引入对民航客运的影响显著为负，高铁开通后沿线民航运输人数和航班次数显著下降。整体来看，高铁引入将使民航客运航班数量和运输人数减少 28.7% 和 31.8%。

（2）高铁替代效果随其运行时间增加而显著减弱。高铁运行时间在 4 小时范围内时其竞争力最强，对民航客运的打击是毁灭性的，民航客运航班数量和运输人数因此减少了 74.2% 和 82.5%，部分线路因为高铁引入而直接关停。超过 8 小时运行时间的高铁线路对民航的影响趋于不显著。

（3）高铁自身竞争优势明显的区域为 6 小时以内，对应于约 1400 公里以内的区域。1400 公里以内民航客运受高铁影响极为显著。

（4）高铁建设仍应以经济发达地区和东部沿海城市优先。原因在于：一方面，GDP 对民航客运活动水平有显著的正向影响，在民航客运密集的区域修建高铁有利于提升高铁网络的替代效应；另一方面，连接东西部和中西部的高铁线路的影响程度显著低于全国平均水平，在经济欠发达地区兴建高铁的经济性不够理想。连接中西部和东西部的高铁线路影响程度较小的原因是主要连接通道建设过早、时速较低且中西部高铁线路没有形成网络。

（5）现行高铁规划将显著减小民航运输的深度脱碳压力。八纵八横将新增覆盖 69 个国内机场，可能形成相对 2018 年民航航班总量的 9.5% 的替代率。50 万人口城市高铁通达后则可能替代 26.2% 的民航客运量。

# 第五章　中国民航运输低碳发展路径设计

中国交通部门能源需求和碳排放随着活动水平增加而快速增加，其中民航运输能源消费量和碳排放增长最为迅速。在碳中和目标下，民航运输缺少有效的替代燃料技术，是交通部门脱碳难度最大的运输方式，以往研究对其他可能的减排技术缺少梳理。高铁发展规划下民航运输发展应与高铁积极配合，因此探究民航运输的低碳发展路径具有重要意义。

本章内容安排如下：第一节对中国国内民航运输航班构成、能耗和碳排放现状进行了介绍。第二节梳理了目前实现民航运输每收入客公里碳减排的主要技术选择，以及详细介绍了本章中各类技术的参数设置、数据来源和相关假设依据。第三节介绍了本章中用到的其他关键数据和假设。第四节介绍了本章对民航运输低碳发展的情景设计。第五节为机队规划模型分析结果，根据所设计发展情景，量化不同情景下机队购买和退役及技术选用决策情况，探究民航运输在碳中和目标下的最优发展路径。第六节对本章研究内容进行总结。

## 第一节　中国民航运输能耗和碳排放现状

中国民航运输将客运飞机分为支线客机、窄体客机和宽体客机三类。按照机型大小，本书将客运飞机分为九类，分别是小型支线客机、中型支线客机、大型支线客机、小型窄体客机、中型窄体客机、大型窄体客机、小型宽体客机、中型宽体客机和大型宽体客机。各类型客机的典型客舱分布座位数范围分别是 0～50、51～80、81～100、101～130、131～150、151～182、183～260、261～300 和 301～500。各类飞机的典型机型分别是 EMB - 145、CRJ700、EMB - 190、A319、A320、B737 - 800、A3320 - 200、A330 - 300 和 B777 - 300ER。

中国民航运输保持高速发展，中国民航客机机队数量从 2015 年的 2650 架增长至 2018 年的 3639 架。机队构成如图 5－1 所示。中国民航客运机队仍以窄体客机为主，2018 年小型窄体客机、中型窄体客机和大型窄体客机在民航客运机队中的占比分别为 5.3%、25.6% 和 51.8%，2015 年小型窄体客机、中型窄体客机和大型窄体客机在机队中的占比分别为 7.6%、25.5% 和 49.4%。近年来，机队中大型窄体客机和中型宽体客机的占比有所提高。2018 年，大型窄体客机和中型宽体客机在机队中的占比分别为 51.8% 和 6.4%。

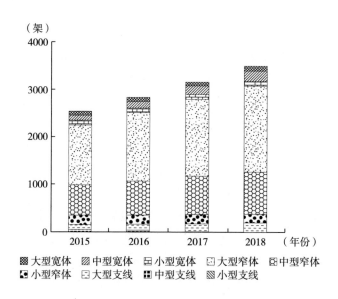

**图 5－1　中国民航客运机队数量及构成**

中国民航客运能耗和碳排放保持增长，国内民航客运能耗从 2015 年的 2560 万吨航空燃油增长至 2018 年的 3741 万吨航空燃油。2015~2018 年中国民航运输相应碳排放构成如图 5－2 所示。中国国内民航客运能耗基于飞常准航班数据库 2015~2018 年实际航班飞行数据计算得来。数据库包含航班起飞城市、到达城市、飞机型号等信息，各类飞机单次飞行能耗数据取自何吉成（2016）、ICAO（2016）和 EUROCONTROL（2018）等研究的调研结果。考虑到同一民航机型或发动机型号在全球范围内运行情况差异不大，对于缺少相关实测数据的机型，本章采用 ICAO 相关研究报告中给出的不同距离下各机型的能耗监测数据。

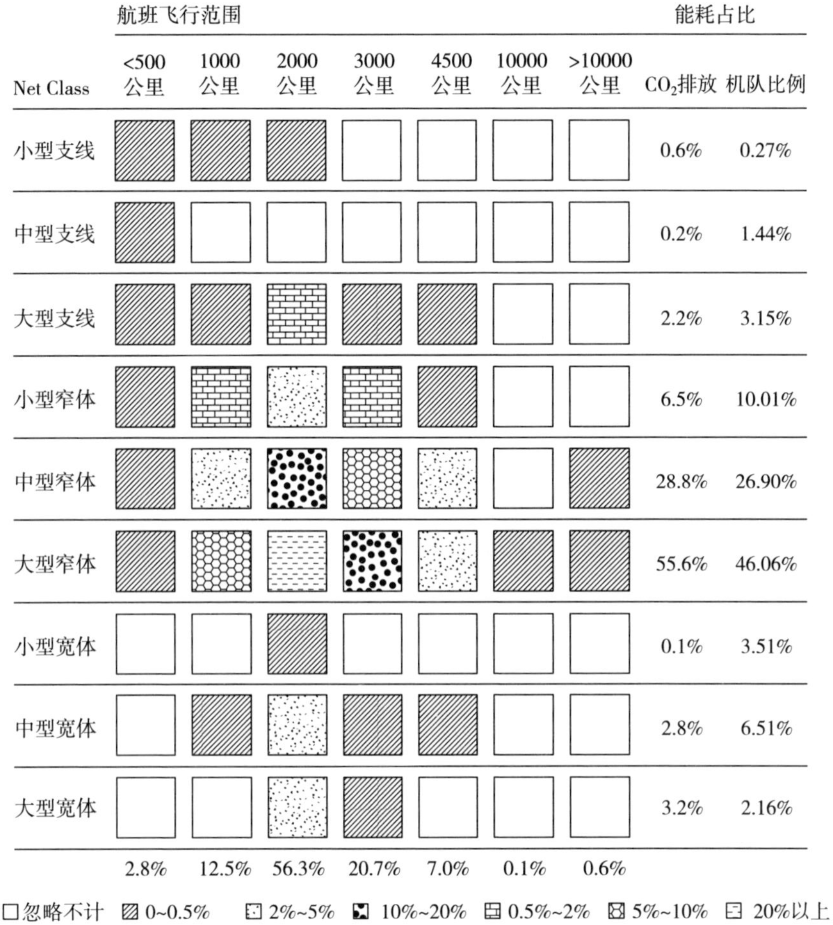

| Net Class | 航班飞行范围 | | | | | | | 能耗占比 | |
|---|---|---|---|---|---|---|---|---|---|
| | <500公里 | 1000公里 | 2000公里 | 3000公里 | 4500公里 | 10000公里 | >10000公里 | CO₂排放 | 机队比例 |
| 小型支线 | | | | | | | | 0.6% | 0.27% |
| 中型支线 | | | | | | | | 0.2% | 1.44% |
| 大型支线 | | | | | | | | 2.2% | 3.15% |
| 小型窄体 | | | | | | | | 6.5% | 10.01% |
| 中型窄体 | | | | | | | | 28.8% | 26.90% |
| 大型窄体 | | | | | | | | 55.6% | 46.06% |
| 小型宽体 | | | | | | | | 0.1% | 3.51% |
| 中型宽体 | | | | | | | | 2.8% | 6.51% |
| 大型宽体 | | | | | | | | 3.2% | 2.16% |
| | 2.8% | 12.5% | 56.3% | 20.7% | 7.0% | 0.1% | 0.6% | | |

□ 忽略不计　▨ 0～0.5%　▧ 2%～5%　▨ 10%～20%　圄 0.5%～2%　▨ 5%～10%　▢ 20%以上

**图 5 - 2　2015～2018 年中国民航客运能耗和碳排放构成**

中国国内民航客运执飞航班中，支线客机、窄体客机和宽体客机的占比分别为 89.7%、3.7% 和 6.6%。航班飞行距离以 1000～2000 公里为主，航班中有少量多段组合航班里程在 10000 公里左右。1000～2000 公里航班占总航班数的 49.8%。

中国国内民航客运能耗和 CO₂ 排放仍以窄体客机为主。2015～2018 年四年间，小型支线客机、中型支线客机、大型支线客机、小型窄体客机、中型窄体客机、大型窄体客机、小型宽体客机、中型宽体客机和大型宽体客机的能耗和 CO₂ 排放占比分别为 0.6%、0.2%、2.2%、6.5%、28.8%、55.6%、0.1%、2.8% 和 3.2%。宽体客机在国内航班中承运比例仍较低，因此其在国内民航客运能耗和 CO₂ 排放占比较低。从飞行距离来看，1000～2000 公里航班的能耗和 CO₂ 排放占比最高，约为 56.3%；2000～3000 公里航班能耗和 CO₂ 排放占比约为

20.7%；500 公里以内和10000 公里以上（多为经停航班，航线包括多个机场）航班的比例较低，其能耗和 $CO_2$ 排放在民航运输中占比较低，比例约为 2.9%。2015～2018 年，能源消费量和碳排放增长最快的类型是窄体客机，支线客机的能源消费量和碳排放几乎没有增长。

# 第二节　民航运输减排措施及相关参数设置

客机实现碳排放强度下降的可能措施可以从布拉奎特航程公式中得到，如式（5-1）所示。其中，EM 表示飞机单次航班的二氧化碳排放，RPK 表示收入客公里，EF 为燃料的排放因子，HV 为燃料的低位热值，FFlow 为客机所用发动机单位出力的能源消费量，PQ 为客机载客人数，Sp 为客机飞行速度，LtD 表示升阻比，FWbT 为客机起飞前所载燃料的重量，AWT 为起飞时飞机的总重。因此，减少客机运行过程中碳排放可以采取如下措施：①降低燃料的碳含量，例如生物质燃料等替代燃料，即降低二氧化碳排放因子；②提高发动机能效，即减少单位出力能耗，例如新一代发动机或者新一代机型入役；③提高运载旅客人数，即增大单机单次运量，例如采用运行管理措施提升负载率；④更高的飞机整体能效，例如采用翻新技术降低飞机飞行阻力；⑤减轻客机重量，即减轻飞机起飞总重，例如采用机舱减重等措施减小起飞重量。基于以上五类民航减排思路，本章将减排措施分为翻新技术、运行管理技术、替代燃料技术、新一代机型和颠覆性技术五类，并分别介绍本章对各类技术的参数设置及相关依据。成本数据均以 2010年为不变价。参考以往文献研究结果，本章设定贴现率为 5%。

$$\frac{EM}{RPK} = EF \times \frac{HV \times FFlow}{PQ \times Sp \times LtD} \times \frac{FWbT}{\ln\ (AWT - FWbT)} \qquad (5-1)$$

## 一、翻新技术

随着新标准、新技术、新发动机的出现或者油价的浮动，机队中老旧客机的运营效率和经济性可能并未达到最优，因此可以采用翻新技术来提升飞机运行性能。本节介绍了现有主要的翻新技术，并介绍了本章中各翻新技术的应用范围和相关参数假设。

1. 融合式翼梢小翼

融合式翼梢小翼是一种加装的翼尖装置，用以减小飞机巡航时的阻力。融合式翼梢小翼具有较大的半径，并使机翼连接小翼的过渡区域变化更加平滑。该设计能使客机达到最佳的空气动力负荷，避免飞机飞行时产生较大的阻力。Aviation Partners 研发的融合式翼梢小翼已经证明，与类似尺寸的小翼相比，其效率提高了60%以上。2001年起，波音公司开始在下一代窄体客机机型 B737 - 800 上加装融合式翼梢小翼，飞行测试显示，B737 系列飞行能耗和碳排放减少了4%，B757 和 B767 相应减少了5%。2012年，空客公司将融合式翼梢小翼命名为"Sharklets"并在 A320ceo 飞机上加装，在6500公里以上的航班中使燃油消耗相应减少了3.5%。

波音公司和空客公司都已经为现役飞机提供加装小翼服务。自2001年以来，波音公司开始为传统机队中老旧型号提供该项翻新服务，B737系列、B757系列和 B767 系列均可以加装融合式翼梢小翼。2015年起，空客公司开始为现役 A319 系列和 A320 系列加装融合式翼梢小翼。

本章假定融合式翼梢小翼可以作为所有2015年前生产的上一代中短途机型的翻新技术选择，因此大型宽体客机不能加装融合式翼梢小翼。本章对该技术在各类型飞机中应用的成本和效益的参数设置如表5-1所示，参考其他研究以及波音公司、空客公司和各支线客机制造公司公布的技术成本数据，各类客机的小翼安装费用在8万~14万美元，购置费用在75万~180万美元。融合式翼梢小翼将只对巡航阶段能效产生影响，不会改变起飞阶段能耗。由于各公司均已开始为现役机队提供翻新服务，因此本章假定该技术可以在2015年开始使用。

表5-1　融合式翼梢小翼技术相关参数设置

| 飞机类型 | 典型机型 | 可用时间（年） | 购置费用（万美元） | 安装费用（万美元） | 巡航能效提高（%） |
|---|---|---|---|---|---|
| 小型支线客机 | EMB - 145 | 2015 | 75 | 8 | 4 |
| 中型支线客机 | CRJ700 | 2015 | 90 | 8 | 4 |
| 大型支线客机 | EMB - 190 | 2015 | 105 | 8 | 4 |
| 小型窄体客机 | A319 | 2015 | 120 | 10 | 4.5 |
| 中型窄体客机 | A320 | 2015 | 135 | 10 | 4.5 |
| 大型窄体客机 | B737 - 800 | 2015 | 150 | 10 | 4.5 |
| 小型宽体客机 | A3320 - 200 | 2015 | 165 | 14 | 3.5 |
| 中型宽体客机 | A330 - 300 | 2015 | 180 | 14 | 3.5 |

2. 更新升级发动机

新机型或新发动机出现后，客机制造商允许对现役机队中老型号飞机的发动机组件进行升级和换新。较之于传统发动机，新型号发动机能使总体能效提升

10%~15%。以往实际进行的发动机升级改造示范项目中，B737 系列和 B747 系列在更新发动机后每小时飞行能耗分别降低了 9.5% 和 9.4%。Chilto 等（2012）测算了 A320 系列、A319 系列和 A321 系列进行发动机换代升级的经济性，研究认为发动机升级换代将有助于使每架飞机每年能耗减少 630 吨。特别是对于窄体客机机队，由于在国内航班中窄体客机占比较高，A320 系列和 B737 系列机型单机执飞航班次数较多，因此采用发动机升级或者换代将带来显著的节能减排效果。

基于以往研究，本章假定更新升级发动机可以作为 2015 年前生产的上一代机型的翻新技术选择。基于各类机型上一代和下一代机型的发动机参数对比以及以往文献分析结果，本章对该技术在各类型飞机中应用的成本和效益的参数设置如表 5-2 所示。发动机更换将对巡航阶段能效和起飞阶段能效产生影响。考虑到目前波音公司和空客公司均未明确将更换发动机列为商业项目，因此本章假定该技术可以在 2023 年前开始使用。小型客机应用时间较之于大型客机的应用时间更为提前。

**表 5-2　发动机套件升级相关参数设置**

| 飞机类型 | 典型机型 | 可用时间（年） | 安装费用（万美元） | 购置费用（万美元） | 能效提高（%） |
|---|---|---|---|---|---|
| 小型支线客机 | EMB-145 | 2021 | 710 | 25 | 10 |
| 中型支线客机 | CRJ700 | 2021 | 850 | 25 | 10 |
| 大型支线客机 | EMB-190 | 2022 | 985 | 25 | 10 |
| 小型窄体客机 | A319 | 2022 | 1120 | 45 | 13 |
| 中型窄体客机 | A320 | 2023 | 1260 | 45 | 13 |
| 大型窄体客机 | B737-800 | 2023 | 1400 | 45 | 13 |
| 小型宽体客机 | A3320-200 | 2023 | 1536 | 65 | 15 |
| 中型宽体客机 | A330-300 | 2023 | 1660 | 65 | 15 |

3. 电动滑行系统

电动滑行系统是指在飞机前起落架或者主起落架上加装机载电驱动系统来驱动飞机实现机场内滑行，从而代替传统的启动发动机的地面滑行驱动方式。电动滑行系统可由辅助动力装置供能，可有效减少飞机发动机的运行时间，从而达到节能减排的目的。

飞机滑行阶段分为离港和入港两个阶段，平均总用时约为 27 分钟，期间发动机的平均出力为可用推力的 7%，如果采用辅助动力装置供能的电动滑行系统，每架飞机每年可能节油 130 吨，单次航班飞行能耗降低可达 4%。Hospodka

等（2014）对辅助动力装置供能下电动滑行系统的节能效果进行测算，结果表明电动滑行系统使起飞阶段能耗降低 81%。安装电动滑行系统会增加飞机总重，并增加巡航飞行阶段能耗，整体重量可能增加 150～200 千克。考虑飞行阶段能耗增加的情况下，中短途客机单次航班总能耗仍可能下降 2.8%。

由于电动滑行系统会增加机身总重并增加巡航能耗，本章假定该翻新技术只应用于中短途客机中，具体参数设置如表 5 - 3 所示。霍尼韦尔、Magnet Motor GmbH、L3 - Communication 等公司都已经发布了电动滑行系统设计方案，部分方案已在 A320 等客机上进行测试。中国航空器材集团能源管理有限责任公司已经就电动滑行系统与外国公司达成合作意向，在中国航司中推广该翻新技术。电动滑行系统成本取自上述各公司官网和以往研究采用的相关参数，总成本在 25 万～55 万美元。表中"能效提高"指考虑机身重量增加后的巡航能耗增加以及滑行阶段节能后的综合节能效果。

表 5 - 3　电动滑行系统相关参数设置

| 飞机类型 | 典型机型 | 可用时间<br>（年） | 总成本<br>（万美元） | 能效提高<br>（%） |
|---|---|---|---|---|
| 小型支线客机 | EMB - 145 | 2023 | 25 | 1.8 |
| 中型支线客机 | CRJ700 | 2023 | 29 | 1.8 |
| 大型支线客机 | EMB - 190 | 2023 | 34 | 1.8 |
| 小型窄体客机 | A319 | 2023 | 45 | 2.8 |
| 中型窄体客机 | A320 | 2023 | 50 | 2.8 |
| 大型窄体客机 | B737 - 800 | 2023 | 55 | 2.8 |

4. 机舱减重

客机机舱减重技术主要指采用质量较轻的材料以减轻机舱中非必要组件的重量。采用铝合金和钛合金等轻便材料有助于减轻机身构架的重量。推广无纸化旨在将电子阅读和电子记录等方式引入实现减重。客机座位减重 1/3 将使机身总重减少 1000 千克，则单次航班能耗将下降 1.25%。

本章只考虑更换机舱内部组件，而不考虑采用新型材料减轻机身重量产生的影响。机舱减重技术相关参数如表 5 - 4 所示。成本和能效参数参考 Muller 等（2018）、Dray 等（2018）、World Bank（2012）等研究调研结果，结合各类机型大小进行设定。

表 5 - 4　机舱减重相关参数设置

| 飞机类型 | 典型机型 | 可用时间<br>（年） | 总成本<br>（万美元） | 能效提高<br>（%） |
|---|---|---|---|---|
| 小型支线客机 | EMB - 145 | 2015 | 20 | 1.3 |
| 中型支线客机 | CRJ700 | 2015 | 25 | 1.4 |
| 大型支线客机 | EMB - 190 | 2015 | 32 | 1.6 |
| 小型窄体客机 | A319 | 2015 | 45 | 1.8 |
| 中型窄体客机 | A320 | 2015 | 62 | 2.1 |
| 大型窄体客机 | B737 - 800 | 2015 | 80 | 2.1 |
| 小型宽体客机 | A3320 - 200 | 2015 | 125 | 2.2 |
| 中型宽体客机 | A330 - 300 | 2015 | 160 | 2.2 |
| 大型宽体客机 | B777 - 300ER | 2015 | 230 | 2.2 |

### 二、运行管理技术

地面拥堵或空域阻塞会使飞机运行处在非最优状态。管理技术指提升民航空中交通和机场内交通运行效率的特定技术。本节介绍现有主要的运行管理技术，并介绍本章中各技术的相关参数及假设。

1. 空中交通管理系统

空中交通管理系统是指以整体安全性和运行的经济性为考量而设计的运用可获取的空间、时间等信息对空中交通活动进行同步协调、管理的系统。当前空管系统低效的主要原因有空域限制、堵塞和飞行冲突避让等。Jesen 等（2013）、Reynolds 等（2008）、Lovegren 等（2011）基于美国航班实测数据分别测算了现行运行轨迹下飞行速度优化、飞行线路优化和飞行高度优化等空中交通管理措施对能耗的影响。

本章参考以往研究的测算结果，对各类机型运用该技术的成本和收益参数设置如表 5 - 5 所示。上述研究采用美国航班运行数据进行分析，中国空域较之于美国更加紧张，因此能效提高的参数设置应相对更为保守。该技术仅对巡航阶段能耗产生影响。中国已经提出 2016 ~ 2030 年建设空管现代化发展战略，实现基于性能的服务、军民联合使用空域、对空域流量实时管理等目标，因此本章假设该技术可用时间为 2025 年。

2. 单发动机滑行

单发动机滑行是指在地面滑行阶段不启动所有发动机供能，四引擎飞机启动其中两个引擎、双引擎飞机启动其中一个引擎为飞机起飞滑行阶段供能。单发动

表 5 - 5 空中交通运行优化相关参数设置

| 飞机类型 | 典型机型 | 可用时间（年） | 总成本（万美元） | 能效提高（%） |
|---|---|---|---|---|
| 小型支线客机 | EMB - 145 | 2025 | 7.0 | 2.8 |
| 中型支线客机 | CRJ700 | 2025 | 7.2 | 3.0 |
| 大型支线客机 | EMB - 190 | 2025 | 7.5 | 3.1 |
| 小型窄体机 | A319 | 2025 | 7.8 | 3.4 |
| 中型窄体客机 | A320 | 2025 | 8.1 | 4.9 |
| 大型窄体客机 | B737 - 800 | 2025 | 8.3 | 5.8 |
| 小型宽体客机 | A3320 - 200 | 2025 | 10.0 | 6.3 |
| 中型宽体客机 | A330 - 300 | 2025 | 11.2 | 7.0 |
| 大型宽体客机 | B777 - 300ER | 2025 | 13 | 8 |

机滑行有助于延长发动机使用寿命，同时降低能耗。以往研究基于国际民航组织给出的发动机排放清单、滑行阶段推力和实地调研收集的飞机滑行实际运行数据，测算单发动机滑行的节能效果。结果表明，各类机型采用单发动机滑行策略时的滑行阶段能耗较之于启动全部发动机时减少 25% ~ 50% 。

参考 Liu 等（2019）、BADA 模型（Base of Aircraft Data）和 Hospodka 等（2014）的研究，本章假定地面运行过程中发动机平均推力为 7% ，滑行平均用时为 26.5 分钟（包括滑行进入跑道用时 16.5 分钟，滑行进入机位用时 7 分钟，进入机位后 3 分钟关停发动机）。结合 ICAO 调研给出的各类发动机能耗情况和各类飞机典型机型，单发动机滑行节能效果如表 5 - 6 所示。单发动机滑行仍然存在以下隐患：①航司和机组成员须承担额外责任；②不适合所有环境，例如上坡环境；③存在安全隐患，可能有外来物损伤和爆炸危险，以及发动机需要额外暖机时间带来的不确定性。因此，本章认为该技术短期内无法大面积应用，只对起飞阶段能效产生影响。

表 5 - 6 单发动机滑行相关参数设置

| 飞机类型 | 典型机型 | 可用时间（年） | 总成本（万美元） | 滑行能效提高（%） |
|---|---|---|---|---|
| 小型支线客机 | EMB - 145 | 2020 | 1 | 20 |
| 中型支线客机 | CRJ700 | 2020 | 1.2 | 22 |
| 大型支线客机 | EMB - 190 | 2020 | 1.4 | 26 |

续表

| 飞机类型 | 典型机型 | 可用时间<br>（年） | 总成本<br>（万美元） | 滑行能效提高<br>（%） |
|---|---|---|---|---|
| 小型窄体客机 | A319 | 2025 | 1.6 | 32 |
| 中型窄体客机 | A320 | 2025 | 1.9 | 35 |
| 大型窄体客机 | B737－800 | 2025 | 2.1 | 36 |
| 小型宽体客机 | A3320－200 | 2025 | 3.6 | 36 |
| 中型宽体客机 | A330－300 | 2025 | 4.8 | 38 |
| 大型宽体客机 | B777－300ER | 2025 | 6 | 40 |

### 3. 机场地面拥堵管理

机场地面运行拥堵会导致滑行时间增加并提高滑行能耗，采用机场地面拥堵管理策略可使机场推出率接近于机场可达到的上限。如图 5－3 所示，在机场繁忙时段调整部分航班的出发时间、要求飞机在机位等待指示可以减少机队整体的排队等待时间。

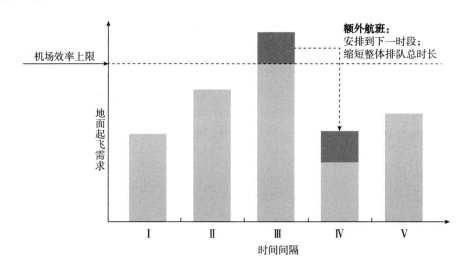

**图 5－3　机场拥堵管理策略示意图**

国外研究中采用遗传算法、动态规划、multi－fiedlity 建模等方法提高机场资源利用效率，并在波士顿洛根国际机场、纽约机场中进行实践。国内已有若干研究构建航班起飞滑行过程优化模型，并结合北京首都国际机场、武汉天河机场的实际航班运行数据对提出方法效果进行验证，平均等待时间分别减少了 41%、4%。

本章对机场地面拥堵管理相关参数设置如表 5 - 7 所示。参考美国和中国各大机场的实际实施效果，本章假设飞机平均滑行时间减少 15%。由于该技术应用后可能会向各航司征收费用，因此本章假设各类机型成本影响和平均收益情况相同。该技术只对滑行阶段能耗产生影响。参考以往研究，技术应用成本依据实现机场拥堵管理技术所需导航性能的成本进行设置。

表 5 - 7    机场地面拥堵管理相关参数设置

| 飞机类型 | 典型机型 | 可用时间（年） | 总成本（万美元） | 滑行能效提高（%） |
|---|---|---|---|---|
| 小型支线客机 | EMB - 145 | 2020 | 2 | 15 |
| 中型支线客机 | CRJ700 | 2020 | 2 | 15 |
| 大型支线客机 | EMB - 190 | 2020 | 2 | 15 |
| 小型窄体客机 | A319 | 2020 | 2 | 15 |
| 中型窄体客机 | A320 | 2020 | 2 | 15 |
| 大型窄体客机 | B737 - 800 | 2020 | 2 | 15 |
| 小型宽体客机 | A3320 - 200 | 2020 | 2 | 15 |
| 中型宽体客机 | A330 - 300 | 2020 | 2 | 15 |
| 大型宽体客机 | B777 - 300ER | 2020 | 2 | 15 |

### 三、替代燃料技术

民航运输可能的替代燃料技术主要分为三类：生物质燃料、氢能和电力。本节将详细介绍本章对替代燃料技术相关参数的设置和依据。

1. 生物质燃料

生物质燃料是现阶段民航运输最有可能大规模应用的替代燃料选择，具有即用性的特点，无须改变飞机结构和地面储运设施。生物质航煤是目前应用阻碍最小且具有较大市场潜力的减排技术。本章认为，生物质燃料将可以直接应用于机队中，不需要额外的设备购置成本和机队更换成本。

生物质航煤目前制备成本仍然较高，不同制备原料和制备工艺下价格波动较大，每吨制备价格在 8000～20000 元人民币，远高于传统航空煤油价格。现有四种主流工艺分别为气化费托合成、加氢处理、聚合工艺和热化学转化，最可能商业化的工艺为加氢处理工艺，因此本章重点关注加氢处理的生物质燃料价格。参考以往研究各技术路线生物质航煤制备成本以及未来成本预测，同时考虑到未来生物质燃料成本的下降，本章对生物质燃料未来成本设置如表 5 - 8 所示，2060年生物质燃料制备成本较之于 2020 年下降 55%。

表 5 - 8　生物质航煤价格　　　　　单位：美元/吨

| 年份 | 2020 | 2025 | 2030 | 2035 | 2040 | 2045 | 2050 | 2055 | 2060 |
|---|---|---|---|---|---|---|---|---|---|
| 单价 | 2750 | 2145 | 1780 | 1685 | 1530 | 1378 | 1346 | 1309 | 1250 |

### 2. 全电飞机

全电飞机是民航运输未来实现零排放的一种技术选择。波音公司和空客公司已经在 A380 和 B787 中加入更多电气化技术，目前正在研发中的部分全电飞机设计如图 5 - 4 所示。已有的概念机型仍然无法兼顾设计里程的机舱座位数，主流的设计方案仍然停留在小型机型。

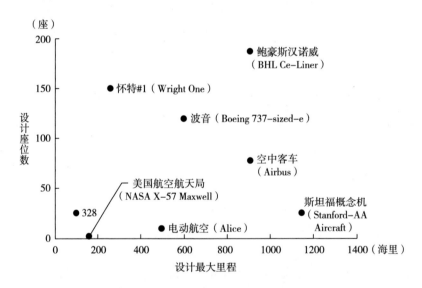

图 5 - 4　现有电动飞机设计方案

目前电动飞机面临的主要问题是电池技术的局限。以 A320neo 大小客机为例，不同电池能量密度下各航程任务下的耗能情况如图 5 - 5 所示。为实现中短途航程飞行，电池能量密度须在 800 ~ 2000 瓦时/千克范围。目前电池能量密度最高可达 300 瓦时/千克，与 800 瓦时/千克仍有较大差距。波音公司和空客公司认为，在当前的电池技术水平下，全电飞机在 2030 年将只能应用于小型支线客机中，实现 B737 或 A320 型体量的全电飞机商运还不现实。

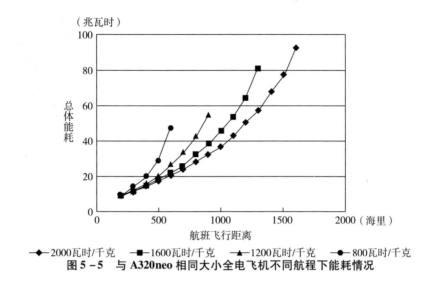

（兆瓦时）

总体能耗

航班飞行距离

┄─◆─2000瓦时/千克 ┄─■─1600瓦时/千克 ┄─▲─1200瓦时/千克 ┄─●─800瓦时/千克

**图 5 - 5  与 A320neo 相同大小全电飞机不同航程下能耗情况**

基于以上分析，本章假设全电飞机在未来只应用于短途支线客机中，窄体客机和宽体客机机队中不会有全电飞机入役。参考主要飞机制造商的计划和其他文献，考虑到目前的电池技术瓶颈，本章认为 2035 年全电飞机能够成为支线客机的购买选择。参考全电飞机经济性相关研究，全电飞机购买成本较之于传统飞机高出 20%。全电飞机将不产生直接碳排放和污染物排放。飞行能耗数据取自以往研究结果。

3. 氢能飞机

由于全电飞机的电池技术局限导致的航程有限，氢能被视为民航低碳发展的重要替代燃料技术。欧盟将氢能飞机视为 2050 年民航运输实现碳中和的重要技术方案，空客公司明确在 2035 年将完成零碳氢能飞机的制造和投运。2008 年波音公司成功试飞了小型氢燃料电池飞机。英国"清洁氢能客机"计划和中国商飞开发的"灵雀 H"飞机旨在对氢能飞机动力系统组成、燃料存储等问题展开深入的探索研究。

McKinsey（2020）提出了不同设计航程和座舱大小的氢能概念飞机构造和相应可能入役时间，氢能窄体客机和宽体客机将在 20 年内进入机队。空客公司将在 2025 年前确定氢能飞机的最终设计方案。波音公司认为，氢能须在完善氢能制备设施后才可能在机队大面积应用。航空运输行动小组给出替代燃料技术飞机可能的应用时间如图 5 - 6 所示。氢能飞机应用须综合考虑飞机技术和配套设施建设，因此其应用难度较大。参考飞机制造商的研发计划和以往研究，本章假设氢能飞机 2035 年可以成为支线客机和窄体客机机队的购置选择，2040 年可以成为宽体客机机队的购置选择。

| 机型分类 | 年份 | | | | | | |
|---|---|---|---|---|---|---|---|
| | 2020 | 2025 | 2030 | 2035 | 2040 | 2045 | 2050 |
| **支线客机**<br>50~100座<br>30~90分钟航班 | 生物质 | 生物质<br>电力 | 生物质<br>电力<br>氢能 | 生物质<br>电力<br>氢能 | 生物质<br>电力<br>氢能 | 生物质<br>电力<br>氢能 | 生物质<br>电力<br>氢能 |
| **短途客机**<br>100~150座<br>45~120分钟航班 | 生物质 | 生物质 | 生物质 | 生物质 | 生物质<br>电力<br>氢能 | 生物质<br>电力<br>氢能 | 生物质<br>电力<br>氢能 |
| **中程客机**<br>100~150座<br>60~150分钟航班 | 生物质 | 生物质 | 生物质 | 生物质 | 生物质 | 生物质 | 生物质<br>氢能 |
| **长途客机**<br>250+座<br>150+分钟航班 | 生物质 | 生物质 | 生物质 | 生物质 | 生物质 | 生物质 | 生物质 |

**图 5 - 6　替代燃料技术引入时间**

氢能飞机将采用全新的飞机结构。氢能飞机的重要组成部件包括储氢罐、燃料输配系统和燃料电池系统等。参考以往研究中对各组件的成本估计,本章假设氢能飞机成本比传统燃油飞机高 31%。氢能飞机能效水平取自相关文献研究结果,基于能量等效性采用相对传统飞机的比例设置。

制氢价格将随着生产规模的扩大而大幅下降。参考国际能源署、国际可再生能源机构、氢能理事会、中国电动汽车百人会、中国氢能联盟等的研究,本章假设 2030 年绿氢价格较之于 2020 年下降 25%,2060 年降至 10 元/千克以内(包含制备和储运环节),如表 5 - 9 所示。与以往研究相比,本章对氢价下降的参数设置相对保守。

**表 5 - 9　液氢价格**　　　　　　　　　　单位:美元/千克

| 年份 | 2020 | 2025 | 2030 | 2035 | 2040 | 2045 | 2050 | 2055 | 2060 |
|---|---|---|---|---|---|---|---|---|---|
| 单价 | 9.2 | 8.4 | 7.0 | 5.8 | 4.7 | 3.5 | 2.3 | 1.8 | 1.5 |

## 四、下一代客机

传统客机能效水平仍在不断提升,自 1960 年彗星 4 型客机入役以来,21 世纪波音公司设计的 B737 - 800 客机和空客公司设计的 A380 - 800 客机每收入客公里能效分别提升了65%和70%。未来每年入役的新售传统飞机能效可能为1.5%，将显著减轻民航客运排放压力。

自1960年以来，当期还在生产的机型的最低能耗情况如图5-7所示。图中能效参考AIM2015模型输入和ICAO数据库，选取特定航程和客座率比较飞机飞行能耗情况。2020年能效最好的中型窄体客机、中型宽体客机、大型支线客机和大型窄体客机的能耗比第一代客机机型分别下降了64%、41%、44%和60%。如

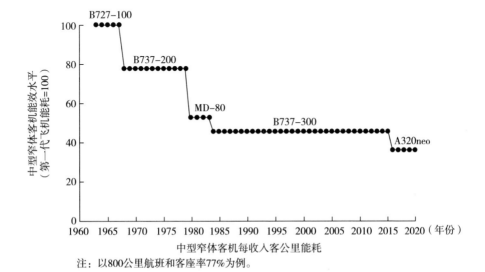

注：以800公里航班和客座率77%为例。

注：以1800公里航班和客座率70%为例。

**图5-7 各型新售客机能效随时间变化情况**

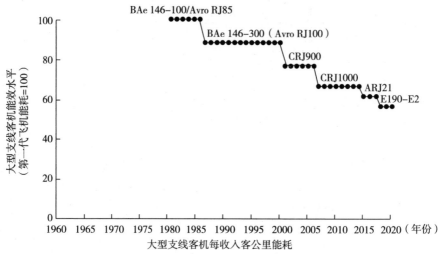

注：以600公里航班和客座率75%为例。

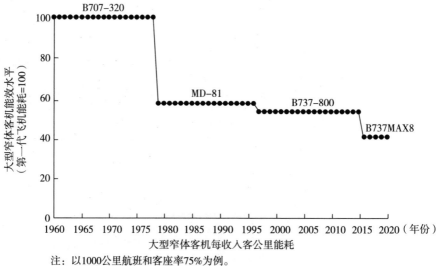

注：以1000公里航班和客座率75%为例。

**图5－7　各型新售客机能效随时间变化情况（续）**

图5－7所示，新一代客机入役从而推动客机能效出现质变的时间间隔一般在15～20年。每次机型自身能效进步幅度在15%～20%。

支线客机、窄体客机和宽体客机的新一代机型基本已在2020年前实现入役，如表5－10所示。当前代际典型机型的能效提升比例取自各制造商公布的飞机运行参数数据。本章假设下一代客机将在15年后出现，即2035年各型飞机将陆续出现下一代飞机型号。本章假设下一代机型运行能效平均每年提升0.7%。

表 5 - 10　当前代际典型型号和上一代际典型型号

| 飞机类型 | 当前代际典型机型 | 当前代际机型商用时间（年） | 上一代际典型机型 |
|---|---|---|---|
| 小型支线客机 | CRJ550 | 2021 | EMB - 145 |
| 中型支线客机 | Embraer E175 - E2 | 2021 | CRJ700 |
| 大型支线客机 | Embraer E190 - E2 | 2018 | EMB - 190 |
| 小型窄体客机 | Airbus A319 neo | 2017 | A319 |
| 中型窄体客机 | Airbus A320 neo | 2016 | A320 |
| 大型窄体客机 | Boeing 737 Max 8 | 2017 | B737 - 800 |
| 小型宽体客机 | A330 - 800 neo | 2019 | A3320 - 200 |
| 中型宽体客机 | A330 - 900 neo | 2018 | A330 - 300 |
| 大型宽体客机 | Boeing 777X - 9 | 2023 | B777 - 300ER |

### 五、颠覆性飞机技术

传统飞机的技术提升潜力有限，依靠传统飞机技术无法实现民航运输近零排放目标。飞机自身结构颠覆性改变和革新性技术概念可能有助于实现民航低碳发展目标。

与传统油箱、机翼的飞机布局相比，颠覆性机身构造包括翼身融合、斜拉翼式布局、盒式机翼等。各类技术的特点、研发现状和以往研究对其应用时间的预测如表 5 - 11 所示。已有若干项目探究 400 座以上的翼身融合客机设计方案，翼身融合客机可能在 2035～2040 年入役。斜拉翼式布局不是全新的设计概念，该技术的方案设计已经进行了约 10 年，未来可能在 2030～2035 年入役。总体来看，应用结构性革新技术的客机可能在 2035～2040 年实现商用。

表 5 - 11　颠覆性机身技术

| 飞机结构 | 技术特点 | 应用时间（年） |
|---|---|---|
| 翼身融合 | 机翼和机身形成高度的融合状态，可以降低飞行阻力和噪声 | 2035～2040 |
| 斜拉翼式布局 | 在客机机翼下方安装支撑梁，提升材料利用率，协助减轻整体重量 | 2030～2035 |
| 盒式机翼 | 采用尖端板连接前翼和后翼，减小飞行阻力，提高升力系数，减小结构重量 | 2035～2040 |

革新性推进系统主要包括桨扇发动机技术等。桨扇发动机依靠对转螺旋桨产生推力,其形式介于涡桨发动机和涡扇发动机之间,可有效减少26%~30%的运行能耗。

由于各革新性技术发展仍存在较大不确定性,本章以搭载桨扇发动机的翼身融合客机为例,假设在2035年该型号飞机将成为机队的购买选择。对于搭载桨扇发动机的翼身融合客机的能效情况,以往研究主要采用仿真模拟的方式,与当前代际的传统结构的客机相比,能效可提高40%。飞机购置成本假设与当前传统飞机相比略有增加,按照购机价格的代际变化,本章假设颠覆性机型购置成本较之于传统结构飞机增加20%。

# 第三节 其他关键数据和重要假设

本节介绍了本章中除低碳减排技术相关参数以外的关键数据和假设,主要包括民航客货运需求、碳约束、各类别机型承运航班比例。

## 一、中国民航客货运需求

中国民航运输客运和货运需求参考《交通强国战略》、波音和空中客车公司的相关研究报告,结合本章设定的经济和社会发展指标与弹性系数得到,客运航班需求总量如表5-12所示。2050年和2060年中国国内客运航班数量将分别达到941万次和1030.3万次,与2020年相比分别增加1.35倍和1.57倍。

表5-12 客运航班需求 单位:万次

| 年份 | 2025 | 2030 | 2035 | 2040 | 2045 | 2050 | 2055 | 2060 |
|------|------|------|------|------|------|------|------|------|
| 航班 | 501.3 | 630 | 727.9 | 819.7 | 899.3 | 941.0 | 993.5 | 1030.3 |

中国民航货运需求如表5-13所示。本章假设货运周转量呈现先增后降的发展趋势,在2050年前后达到峰值,2060年中国民航货运周转量为1094.5亿吨公里。

表5-13 货运周转量 单位:亿吨公里

| 年份 | 2025 | 2030 | 2035 | 2040 | 2045 | 2050 | 2055 | 2060 |
|------|------|------|------|------|------|------|------|------|
| 货运周转量 | 455.0 | 650.2 | 840.2 | 1021.1 | 1140.2 | 1174.7 | 1166.9 | 1094.5 |

## 二、碳约束

民航运输是交通部门中最难实现近零排放的运输方式,以往研究综合考虑中国的未来排放目标和交通部门各运输方式的发展特点，设置交通部门未来碳排放约束目标。参考交通运输部科学研究院、清华大学气候变化与可持续发展研究院等机构的研究结果，本章对2060年碳中和目标下中国国内民航运输碳排放路径设置如表5-14所示。民航运输作为中国交通部门中脱碳难度最大的运输方式，2060年仍将存在2529万吨直接碳排放。2060年的碳排放比2025年将下降73.7%。

表5-14　民航碳排放约束　　　　　　　　单位：万吨

| 年份 | 2025 | 2030 | 2035 | 2040 | 2045 | 2050 | 2055 | 2060 |
|---|---|---|---|---|---|---|---|---|
| 碳排放 | 9634 | 11610 | 11296 | 10663 | 9356 | 6248 | 4863 | 2529 |

### 三、各类别机型承运航班比例

随着民航需求的扩大，宽体客机在投运机队中占比可能逐渐提高。2015～2018年不同机型的平均执飞航班数量如图5-8所示。窄体客机机型，例如波音

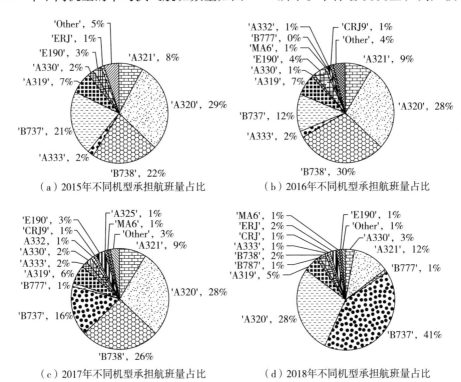

（a）2015年不同机型承担航班量占比　　　　（b）2016年不同机型承担航班量占比

（c）2017年不同机型承担航班量占比　　　　（d）2018年不同机型承担航班量占比

图5-8　2015～2018年中国民航不同机型承担航班占比

737 系列和空中客车 A320 系列，仍然是机队执飞主力。B737 - 800、B737 - 700 和 A320 承担的航班比例一直较高，三类机型四年间所承担的航班比例保持在约 70%。历年窄体客机执飞航班数量在民航总执飞航班次数中占比为 88.1%、87.9%、87.5% 和 88%。宽体客机执飞航班比例有所增加，从 5.7% 增长到 6.5%。支线客机航班比例整体变化不大。

宽体客机执飞航班比例在逐步增加，但增幅并不明显，国内航班由于里程较短且频次较高，使用大型客机经济性不够理想。考虑到窄体客机执飞航班占比仍然最高，本章假设各类机型在未来执飞航班的比例不变，与 2018 年校核结果保持一致。窄体客机仍是机队执飞主力，宽体客机和支线客机承担相对少部分的国内航班。

## 第四节　民航运输未来发展情景设计

基于上述民航客运低碳发展技术，为分析未来民航运输实现近零排放发展最优路径，本章对中国民航客运发展进行情景模拟。以往研究中民航运输脱碳的主要方式为采用生物质燃料对航空煤油进行逐步替代，因此本章假设基准情景下民航客运只采用生物质燃料这一种技术协助脱碳。以基准情景为参考，重点对综合减排情景、颠覆性技术情景和高铁发展情景进行分析。各情景描述和设计情况如表 5 - 15 所示。

表 5 - 15　中国民航运输低碳发展情景设计

| 情景设置 | 情景描述 | 翻新技术 | 运行管理技术 | 颠覆性技术 |
|---|---|---|---|---|
| 基准情景 | 仅采用生物质燃料作为替代燃料技术 | 不考虑 | 不考虑 | 不考虑 |
| 综合减排情景 | 较之于基准情景，替代燃料技术飞机成为机队购买选择，机队可以选用翻新技术和管理技术 | 考虑 | 考虑 | 不考虑 |
| 颠覆性技术情景 | 较之于综合减排情景，考虑了 2035 年革命性飞机结构和发动机技术出现进入商用 | 考虑 | 考虑 | 考虑 |
| 高铁替代情景 | 在综合减排情景基础上，考虑中国高铁规划下对各航程航班数量的影响 | 考虑 | 考虑 | 不考虑 |

综合减排情景下，老机队中可以引入翻新技术，机队可以采用运行管理技术来提高飞机能效。与基准情景相比，综合减排情景考虑了翻新技术、管理技术和

替代燃料技术的综合作用。颠覆性技术情景则是在综合减排情景基础上进一步考虑飞机出现结构性变革的可能性，将在2035年引入搭载桨扇发动机的翼身融合飞机作为机队购买选择。

高铁替代情景主要是在综合减排情景的基础上，考虑实现50万人口城市高铁通达之后，不同航程范围的航班数量随之减少后，探究民航发展路径中的相应决策变化。不同运输距离下高铁对民航的替代效果各不相同，参考上一章节的分析结果，本章对50万人口城市高铁通达后各航程航班数量的替代比例设置如表5-16所示。整体来看，2035年实现50万人口城市高铁通达后，民航运输整体航班数量将因高铁引入而减少约20%。由于2035年后高速铁路建设规划尚未公布，该情景暂不考虑2035年后的高速铁路建设带来的影响。

**表5-16　高铁对民航运输航班的替代效应**

| 高铁运行时间范围 | 0~4h | 4~6h | 6~8h | 8~10h | 大于10h |
|---|---|---|---|---|---|
| 相应替代效果（%） | 75 | 42 | 13 | 11 | 6 |

## 第五节　研究结果

### 一、机队构成情况

#### 1. 窄体客机机队情况

基准情景下，由于没有替代燃料技术客机引入，窄体客机传统机队总量保持增长，在下一代客机引入后新一代客机数量逐渐增加。2020年窄体客机机队总量为2936架，2060年增长至8014架。

综合减排情景下，窄体客机机队构成情况如图5-9所示。2020~2033年窄体客机仍以上一代际机型为主，机队优化决策结果显示2033年前不退役老旧机型飞机，2015~2020年进入商用的当前代际机型在机队中占比逐渐提高，2035年下一代机型入役之前当前代际机型在机队中的占比将达到47.9%。自下一代际机型入役后，飞机退役数量逐渐增加，上一代际机型逐渐退出机队服役，下一代际机型在机队中占比从2035年的6.1%增长至2060年的51%。2044年机队开始购买氢能飞机助力民航减排，2060年窄体客机机队中氢能飞机总量将达到3087架。近期来看，当前代际机型是机队主力，长期来看，下一代际机型和氢能飞机将成为机队主力。2060 年机队将以燃料电池飞机和下一代际客机为主，上一代际机型、当前代际机型、氢能飞机和下一代际机型在机队中占比分别为 0%、10.5%、38.5% 和 51%，上一代际机型完全退出服役。

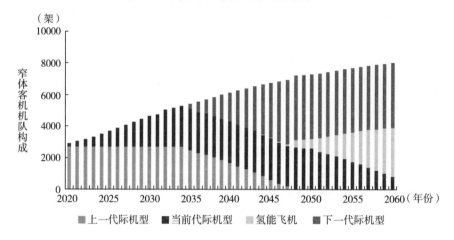

图 5-9    综合减排情景下中国窄体客机机队构成情况

颠覆性技术情景下，采用替代燃料技术飞机进行替代变为相对不经济的减排选择，因为颠覆性技术不存在额外的固定投资且购机成本较低。2035 年颠覆性技术飞机进入商用后，上一代际机型将逐步退役，2060 年，当前代际机型、氢能飞机和颠覆性技术飞机在机队中的占比分别为 21.3%、1.2% 和 77.5%。氢能飞机总购买量大幅度下降，2060 年累计购买量小于 100 架。机队构成情况如图 5-10 所示。

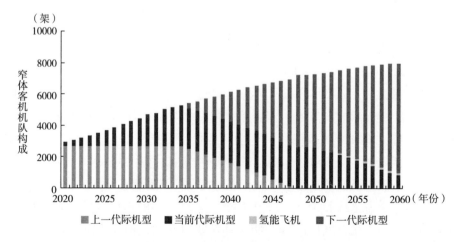

图 5-10    颠覆性技术情景下中国窄体客机机队构成情况

高铁替代情景下，客机机队总量有所下降，2060 年为 6681 架。由于需求下降，采用机队措施来实现减碳经济性较差，机队将更倾向于使用传统燃料飞机配合生物质燃料应用实现近零排放。氢能飞机购买量较之于综合减排情景有所下降，氢能飞机购买总量为 1823 架。氢能飞机起始购买年份延后三年。2060 年，上一代际机型、当前代际机型、氢能飞机和下一代际机型在机队中占比分别为 0、8.3%、27.3% 和 64.4%。机队构成情况如图 5 - 11 所示。从颠覆性技术情景和高铁替代情景的窄体客机机队构成可以看出，当民航客运需求下降或氢能飞机不具备经济性优势时，氢能飞机购买数量都将大幅度减少，因此降低需求和提高其他减排技术的经济性都有助于降低对新兴替代燃料技术的依赖。

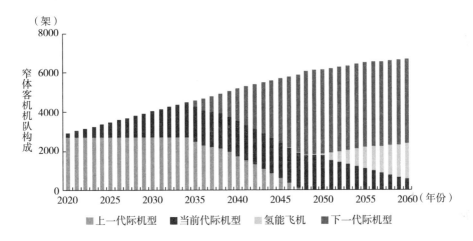

**图 5 - 11  高铁替代情景下中国窄体客机机队构成情况**

2. 宽体客机机队情况

基准情景下，宽体客机传统机队总量保持增长，整体增长趋势与窄体客机类似。2020 年宽体客机机队总量为 410 架，2060 年增长至 1060 架。

宽体客机机队需求较低，因此氢能飞机引入时间相对较晚，综合减排情景下2047 年开始购买氢能飞机。2035 年，下一代际机型逐渐入役，上一代际机型、当前代际机型和下一代际机型在机队中占比分别为 40.4%、57.6% 和 2%。2047年开始购买氢能飞机入役后，上一代际机型逐渐主动退役，当年上一代际机型、当前代际机型、氢能飞机和下一代际机型在机队中占比分别为 4.6%、45.3%、3.3% 和 46.8%。2060 年宽体客机机队氢能飞机购买量累计为 220 架。2060 年，下一代际机型、氢能飞机和当前代际机型的占比分别为 68.5%、20.8% 和

10.7%。宽体机队构成情况如图 5-12 所示。

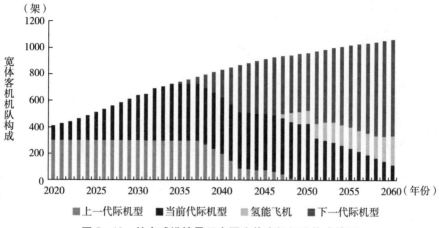

图 5-12　综合减排情景下中国宽体客机机队构成情况

　　颠覆性技术情景下，与窄体客机机队类似，氢能飞机入役替代减排不再经济，机队倾向于选用颠覆性结构的燃油飞机实现减排目标。机队主动退役数量自颠覆性结构飞机入役后而逐渐增加。2035 年，上一代际机型、当前代际机型和颠覆性机型的占比分别为 40.4%、57.6% 和 2%。2060 年，当前代际机型、氢能飞机和颠覆性机型在机队中的占比分别为 10.6%、3.2% 和 86.2%。氢能飞机到 2060 年累计购买量为 34 架。机队构成情况如图 5-13 所示。

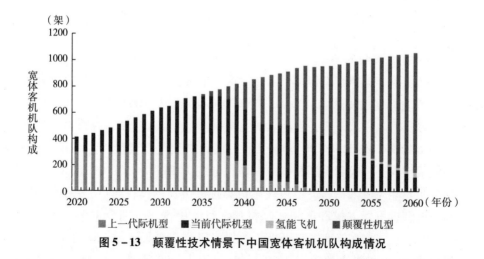

图 5-13　颠覆性技术情景下中国宽体客机机队构成情况

高铁发展情景下，客机机队总量有所下降，且宽体客机承担的航班数量比窄体客机少使采用机队措施来实现减碳的经济性变得更加不理想，机队将更倾向于使用传统燃料飞机实现近零排放。氢能飞机起始购买时间推后到 2054 年，累计购买数量为 47 架。2060 年，上一代际机型、当前代际机型、氢能飞机和下一代际机型在机队中占比分别为 0%、7.9%、5.6% 和 86.5%。机队构成情况如图 5-14 所示。

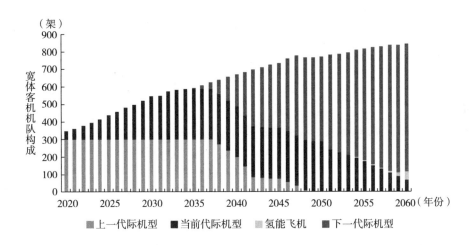

**图 5-14　高铁替代情景下中国宽体客机机队构成情况**

3. 支线客机机队情况

基准情景下，支线客机传统机队总量保持增长，2020 年支线客机机队总量为 182 架，2060 年增长至 541 架。

支线客机机队中，电力飞机较之于氢能飞机是更为经济的减排选择，氢能飞机只有在氢价足够低的情况下才会成为支线客机机队的购买选择。综合减排情景下电动飞机起始购买年份为 2047 年，氢能飞机起始购买年份为 2054 年。2035 年，下一代际机型逐渐入役，上一代际机型、当前代际机型和下一代际机型在机队中占比分别为 45.3%、52.2% 和 2.5%。2047 年开始购买电动飞机入役后，上一代际机型逐渐主动退役，当年上一代际机型、当前代际机型、电动飞机和下一代际机型在机队中占比分别为 4.1%、42.9%、4.3% 和 48.7%。2054 年，上一代际机型已经完全主动退役且氢能飞机进入机队，当年上一代际机型、当前代际机型、电动飞机、氢能飞机和下一代际机型在机队中占比分别为 0%、30.2%、46%、0.6% 和 23.2%。2060 年支线客机机队中电动飞机和氢能飞机累计购买量分别为 185 架和 35 架。支线客机机队以电动飞机为主要替代燃料技术，并加入少量氢能飞机辅助减碳。支线客机机队构成情况如图 5 – 15 所示。

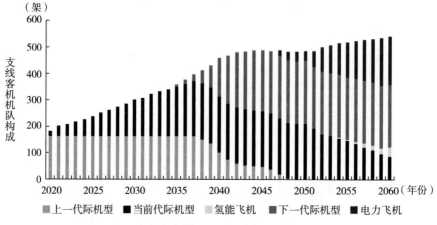

**图 5 – 15　综合减排情景下中国支线客机机队构成情况**

　　颠覆性技术情景下，由于氢能飞机和电动飞机较之于传统飞机的使用频率衰减且氢能飞机和电动飞机入役替代减排均不再经济，机队倾向于选用颠覆性结构的燃油飞机实现减排目标。支线客机机队将不再购买电动飞机和氢能飞机，因此颠覆性技术飞机在机队中的比例比宽体客机机队和窄体客机机队更高。2060 年，当前代际机型和颠覆性技术飞机在机队中的占比分别为 10.6% 和 89.4%。支线客机机队构成情况如图 5 – 16 所示。

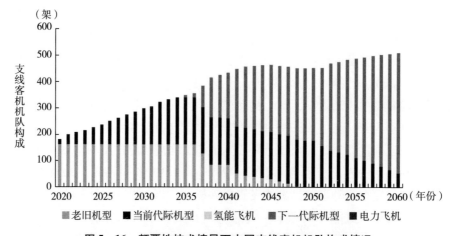

**图 5 – 16　颠覆性技术情景下中国支线客机机队构成情况**

高铁替代情景下，电动飞机起始购买时间推后到 2051 年，累计购买数量为
116 架。2060 年，上一代际机型、当前代际机型、电动飞机、氢能飞机和下一代
际机型在机队中占比分别为 0%、11.4%、3.2%、28.8% 和 56.6%。支线客机
机队构成情况如图 5 – 17 所示。

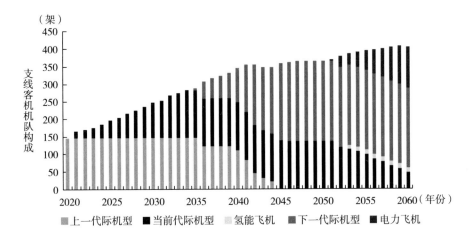

图 5 – 17　高铁替代情景下中国支线客机机队构成情况

### 二、机队碳排放

基准情景下，由于只能采用生物质燃料减排，民航客运整体减排效果均由生
物质燃料贡献。2035 年、2050 年和 2060 年生物质燃料的减排贡献分别为 3675.1
万吨、12894.1 万吨和 16592.8 万吨。生物质燃料需求分别为 1216.5 万吨、
4268.2 万吨和 5492.6 万吨。

综合减排情景下，机队排放情况和各类低碳减排技术对减排的贡献比例分别
如图 5 – 18 和图 5 – 19 所示。图 5 – 18 中所示区域上限为不采取任何减排措施下
民航客运碳排放情况，2060 年碳排放将达到 2030 年的 1.58 倍。图中所示区域下
限为该情景下多重措施作用后的碳排放情况，各颜色区域为各类措施的减排贡
献。翻新技术和管理运行技术在 2030 年前可能发挥重要作用，每年可贡献约
1000 万吨减排，随着民航排放的增加和碳排放约束的收紧，翻新技术和运行管
理技术的作用趋于不明显，2060 年其在总减排中的占比降至 6.9%。2032 年起民
航开始采用生物质燃料作为替代燃料，其在总减排中的贡献占比逐渐从 2032 年
的 10.3% 增长至 2060 年的 30.5%。2060 年生物质燃料的减排贡献将达到 5067.4

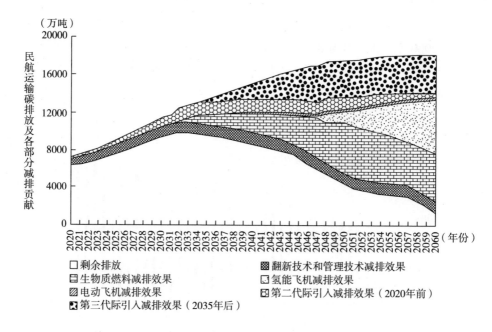

图 5-18 综合减排情景下中国机队客运排放

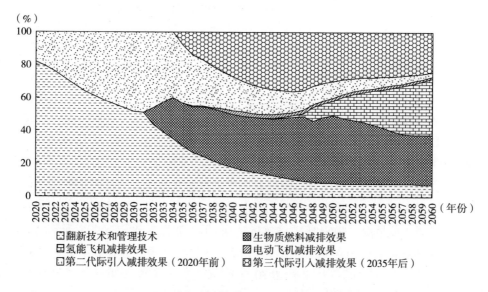

图 5-19 综合减排情景下各类措施减排贡献占比

万吨，减排贡献量年均增长率为11.2%。氢能飞机的减排贡献随窄体客机和宽体客机中氢能飞机比例提高而逐渐提高，2044年氢能飞机减排贡献为46.4万吨，

2060 年将增长至 5767.4 万吨，年均增长率为 35.1%。下一代际机型进入后也将显著减少机队碳排放，2035 年下一代际机型引入后，其减排贡献从 300.2 万吨增长至 4043.2 万吨。由于电动飞机的数量较少且承担的运输量较小，电动飞机减排贡献相对较小。

整体来看，短期内以翻新技术、运行管理技术和生物质燃料引入为主要减排措施，长期来看，随着氢价的降低，下一代际机型和氢能飞机将成为实现近零排放目标的主要贡献措施。2031 年前翻新技术和管理技术在总减排中的占比保持在 50% 以上。2050 年后，氢能飞机的减排贡献占比超过 10%，下一代际机型和生物质燃料的减排贡献占比均保持在约 30%。

颠覆性技术情景下机队客运碳排放情况和各类措施减排贡献比例分别如图 5-20 和图 5-21 所示。与综合减排情景相比，由于颠覆性技术的出现，压缩了替代燃料飞机的需求，机队转而采用传统燃料客机实现减排。2060 年氢能飞机减排贡献为 326.7 万吨，较综合减排情景下降了 93.6%。颠覆性技术自 2035 年引入后，其减排贡献快速增加，2040 年、2050 年和 2060 年的贡献分别为 2343.9 万吨、5953.9 万吨和 7642.7 万吨。生物质燃料应用无须新设备更新，在替代燃料技术飞机引入数量减少后，其减排贡献有所提高，2040 年、2050 年和

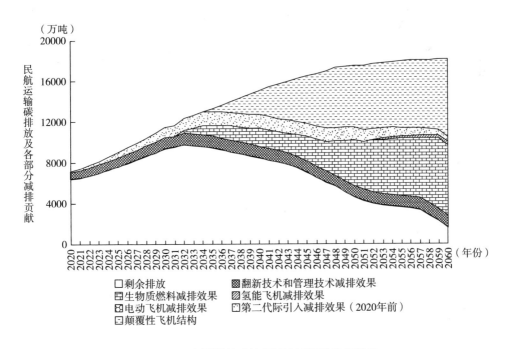

图 5-20　颠覆性技术情景下中国机队客运排放

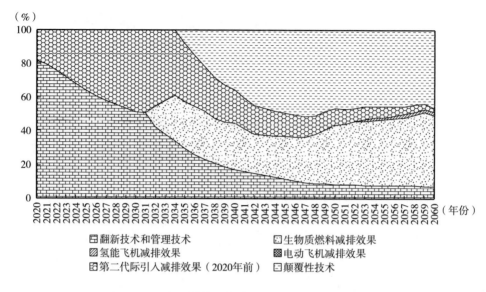

图5-21 颠覆性技术情景下各类措施减排贡献占比

2060年的贡献分别为1788.1万吨、4502.7万吨和6949.7万吨。2060年,翻新技术和运行管理技术、生物质燃料、氢能飞机和颠覆性飞机在总减排中的贡献比例分别为7.1%、42.1%、2%和46.3%。颠覆性技术情景表明,传统燃油客机自身的革新也可以助力实现近零排放目标,减轻替代燃料飞机引入的压力,与此同时,颠覆性技术飞机的引入可能增加生物质燃料的应用规模,增大生物质航煤的供给压力。因此,传统飞机技术的革新在与生物质燃料推广应用相配合时才能达到最优效果。

高铁替代情景下机队客运碳排放情况和各类措施减排贡献比例分别如图5-22和图5-23所示。高铁引入使生物质燃料、氢能飞机和电动飞机的引入时间都向后推迟,起始应用时间分别推迟到2037年、2046年和2053年。2060年减排贡献以下一代际机型为主,下一代际机型和生物质燃料在总减排中的贡献占比分别为34.6%和29.1%。高铁引入减轻了民航减碳对替代燃料技术的依赖,氢能飞机在总减排中的贡献为27.8%。

由于民航货运缺乏具体航班和飞机飞行数据,本章采用周转量、能耗因子和排放因子方法测算民航货运能耗和碳排放。本章假设民航货运采用生物质燃料实现减排,其碳排放如图5-24所示。2035年、2050年和2060年民航货运碳排放为1686.8万吨、1904.9万吨和868.8万吨,2040年后民航货运碳排放逐渐下降,年均下降率为4%。

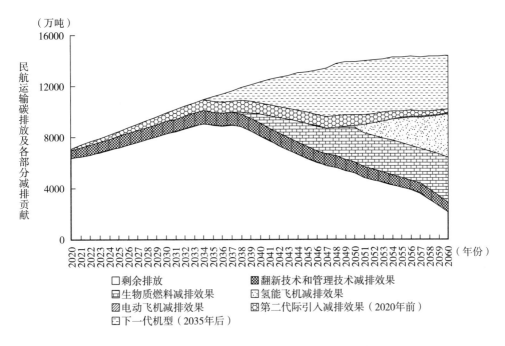

**图 5 - 22　高铁替代情景下中国机队客运排放**

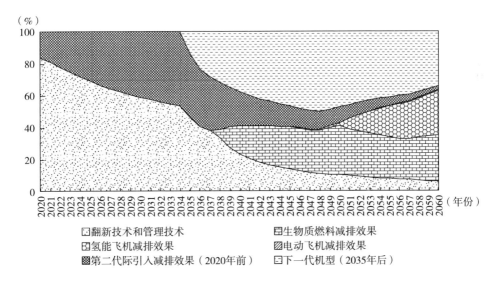

**图 5 - 23　高铁替代情景下各类措施减排贡献占比**

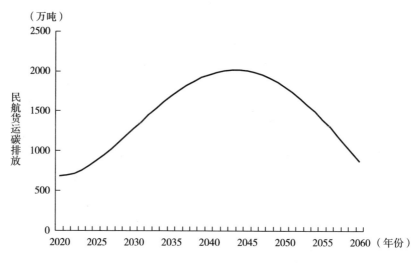

图 5 - 24　民航货运碳排放

## 三、中国民航运输减排成本

与基准情景相比，其他情景的减排成本有所降低。本节将其他三个情景下民航运输的减排成本与基准情景进行对比。综合减排情景下减排成本如图 5 - 25 所

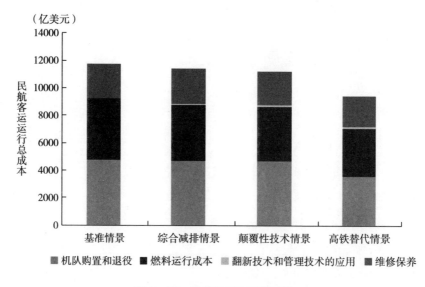

■ 机队购置和退役　■ 燃料运行成本　■ 翻新技术和管理技术的应用　■ 维修保养

图 5 - 25　民航客运运行总成本

示。综合减排情景下，总体运行成本较之于基准情景减少334.4亿美元，通过应用翻新技术和替代燃料技术，综合减排情景下燃料运行成本明显下降，同时机队更新提速也提升了主动退役的残值回收，降低了机队购置和退役成本。机队购置和退役成本与燃料运行成本分别减少了78.1亿美元和367.6亿美元。机队采用的翻新技术和运行管理技术起到了降低成本和降低碳排放的双重效果。综合减排情景总体运行成本比基准情景减少2.9%。

颠覆性技术情景下，机队运行成本进一步减少，总运行成本为11193.8亿美元，较综合减排情景进一步减少1.7%。由于颠覆性结构飞机购置成本有所增加，机队购置和退役成本稍有增加，燃料运行成本则相对下降108.2亿美元。

高铁替代情景下，由于需求相应减少，机队运行总成本明显下降。各类成本较之于综合减排情景均下降10%～20%。总成本为9431.3亿美元。

从减排成本角度看，2020～2060年，当前低碳发展路径下各情景共实现30.3亿吨减排，高铁替代情景实现21.3亿吨减排。在考虑新机型能效提升的前提下，四种情景下减排成本分别为3069.5亿美元、2735亿美元、2541.6亿美元和779.1亿美元，减排成本分别为每吨101.3美元、90.3美元、83.9美元和94.2美元。从各情景的减碳成本可以看出，尽管高铁替代情景需求较小使总体减排成本更低，但由于没有利用氢能飞机后期的经济性，其减碳成本比综合减排情景下高。

各情景下的机队购置和退役成本如表5-17所示。

表5-17　机队购置和退役成本　　　　　　　单位：亿美元

| | | 综合减排情景 | 颠覆性技术情景 | 高铁替代情景 |
|---|---|---|---|---|
| 主动退役 | 窄体客机 | -62.3 | -65.3 | -63 |
| | 宽体客机 | -11.4 | -13.6 | -13.6 |
| | 支线客机 | -1.4 | -2.1 | -7.6 |
| 当前代际机型购买 | 窄体客机 | 1869.6 | 1866.3 | 1340.3 |
| | 宽体客机 | 900 | 900 | 592 |
| | 支线客机 | 67.7 | 67.7 | 49.1 |
| 下一代际机型购买 | 窄体客机 | 1143.3 | 1460.2 | 1140.6 |
| | 宽体客机 | 374.7 | 434 | 365 |
| | 支线客机 | 33.6 | 49 | 32.3 |

| | | 综合减排情景 | 颠覆性技术情景 | 高铁替代情景 |
|---|---|---|---|---|
| 氢能飞机购买 | 窄体客机 | 298.3 | 12 | 158.9 |
| | 宽体客机 | 77.8 | 6.1 | 9.1 |
| | 支线客机 | 0.8 | 0 | 1.5 |
| 电力飞机购买 | 窄体客机 | 0 | 0 | 0 |
| | 宽体客机 | 0 | 0 | 0 |
| | 支线客机 | 10.2 | 0 | 4.9 |

机队购置和退役成本以当前代际的机型为主,主动退役、电力飞机购买和氢能飞机购买的占比相对较低。综合减排情景下,当前代际机型、下一代际机型和氢能飞机的购置成本分别占机队购置和退役成本的 60.3%、33% 和 8%。从总成本来看,窄体客机在总成本中的占比最高,各情景下都达到 70%。

**四、敏感性分析**

氢价的变化趋势、替代燃料技术的发展速度和传统燃料飞机的能效提升幅度对民航客运机队决策影响较大。本节将对氢价、氢能飞机引入时间和下一代际机型能效提升比例等关键参数进行敏感性分析,探究关键指标变化后对民航低碳减排最优路径的影响。

1. 氢价

液氢燃料价格将随氢燃料制备规模的扩大而逐渐降低,氢价直接决定了氢能飞机替代的经济性。本章以高铁替代情景为参考,考虑更为激进、乐观的氢价变化趋势,分析氢能开发和应用更为乐观的情景下民航运输的最优决策。参考以往对氢价进行情景分析的研究中相对激进的分析结果,本章对氢价变化趋势设置如图 5 - 26 所示。H0 情景与高铁替代情景相同,氢价最终降至 10 元/千克,H1、H2 情景中,随着电解槽产能的提高、制造材料的优化和电价的降低,氢价将以更快速度下降,2045 年即降至约 10 元/千克,在 2060 年分别降至 7 元/千克和 5元/千克。

更低的氢价使机队更倾向于购买氢能飞机作为减排选择。三种情景下氢能飞机数量如图 5 - 27 所示。氢价降低后氢能飞机开始在 2045 年前引入,引入时间进一步提前。氢能飞机累计购买量也大幅提高,证明了氢燃料生产更具规模后氢能飞机经济性有所提高。氢价进一步降低,民航运输的氢能飞机购买量也将进一步增加，替代生物质燃料和传统客机的减碳贡献。支线客机机队在 2055 年后开始逐渐以氢能飞机为主要购买选择。三种氢价发展趋势下，2060 年累计购买氢能飞机数量分别为 1883 架、4952 架和 5330 架。氢价进一步下降后，2055 年机队氢能飞机规模较之于原有氢价假设将增加 2.7 倍和 3 倍，2060 年增加 1.6 倍和 1.8 倍。因此，氢价对氢能飞机经济性影响较为明显，在氢价足够低的情况下，氢能飞机在机队中的更新将成为较为经济的减排选择。

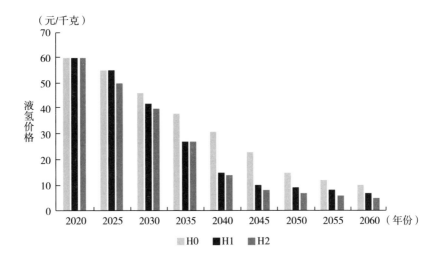

图 5 - 26　液氢价格假设

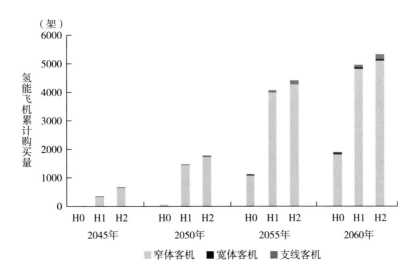

图 5 - 27　不同氢价发展趋势下氢能飞机购买数量

氢价进一步降低后，机队整体运行成本随之下降。三种氢价发展趋势下，机队总运行成本分别为 9437 亿美元、9384 亿美元和 9361.9 亿美元，H1 和 H2 情景比 H0 情景分别下降 0.5% 和 0.8%。若考虑机队自身运行所需的飞机购置和机队运转成本，H1、H2 情景分别使减排成本下降 2.4% 和 3.5%。尽管氢价下降降低了整体最优减排成本，但同时使氢能飞机入役时间提前，因此实现最优减排路径须尽量实现制氢规模和氢能飞机技术发展互相协调配合。氢能飞机如果能实现较早入役，需要与较低的氢价配合才能发挥其减碳优势。

2. 氢能飞机引入时间

氢能飞机引入时间延后会增加机队整体减排成本，氢能价格降低后的经济性优势将无法兑现。若氢能飞机入役时间延后到 2050 年，机队购买氢能飞机数量如图 5 - 28 所示。图 5 - 28 所示结果以高铁替代情景为基础。氢能飞机入役时间推迟使氢能飞机入役速度加快，2060 年前迅速累计 2888 架购买量，较之于氢能飞机 2040 年入役增加 5.4%。机队在 2050 年后出现大量退役，且 2050 年引入使机队减排成本增加了 2.3%。

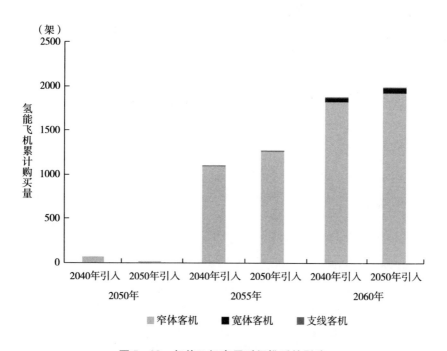

图 5 - 28　氢能飞机商用时间推后的影响

由此可以看出，氢能飞机入役推迟对机队产生了以下两方面不利影响：①推迟入役会使氢能飞机进入机队的时间更短、时段更集中，造成机队更替压力，若氢能飞机 2050 年入役，较之于 2040 年入役在 2050 年后的累计客机主动退役量增加了 11.2%；②整体减排成本有所提高，主要是由于为实现 2050~2060 年十年间的短期减排目标额外购买了氢能飞机，总购置成本因此有所提高。

3. 下一代际机型能效水平

下一代际客机能效提升水平直接影响机队减排成本，机队自身的能效革新将减小机队低碳发展对替代燃料技术的依赖，缓解生物质燃料的应用压力和氢能飞机的技术应用压力。因此，本节对下一代际机型与当前代际机型能效提升比例这一关键影响因素展开不确定性分析。

以高铁替代情景为基础，本章假设 E0、E1、E2、E3 情景下，下一代际机型能效较之于当前代际机型能效分别提升 15%、20%、25% 和 30%。不同能效提升假设下氢能飞机累计购买量如图 5-29 所示。传统燃油飞机的能效提升将显著提升燃油飞机的经济性，相对来说采用氢能飞机进行替代就变得不经济。与 E1 相比，E2、E3 情景的氢能飞机累计购买量分别减少了 71.2% 和 99.0%。结果表明，当下一代际客机机型的能效比当前代际机型提升超过 30% 时，氢能飞机将不再是一个经济的替代选择，机队低碳发展的最优路径是引入下一代际机型和采用生物质燃料来实现近零排放。

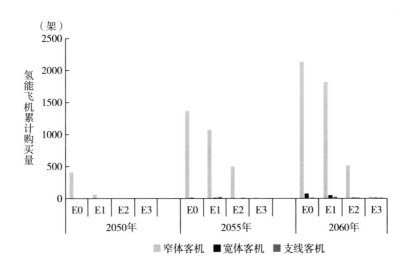

图 5-29　下一代际机型能效提升对氢能飞机购买量的影响

注：E0、E1、E2、E3 分别为下一代际机型较当前代际机型能效提升 15%、20%、25% 和 30%。

当下一代际客机机型能效提升没有达到预期时，氢能飞机将可能更早入役。E0 情景下氢能飞机累计购买量比 E1 情景提高了 18%，且入役时间提前了 5 年。

下一代际机型可能在 2035～2040 年投入商用，在 2060 年近零排放目标下，下一代际机型在民航发展中期、氢能生产没有规模化的阶段将起到关键过渡作用。如果能效进一步取得突破，也可能压缩替代燃料的需求。从整体减排成本来看，氢能飞机的过早入役不是一个好的选择。2035～2050 年氢价下降幅度不足，氢能飞机还未具备足够经济性优势，因此氢能飞机过早入役反而会增加整体减排成本。E0 情景下减排成本比 E1 情景增加 5.9%，每吨二氧化碳减排成本为 99.8 美元。

因此，本章认为下一代际客机能效提升幅度直接决定了民航运输机队替代路径和减排成本。若下一代际机型能效提升幅度不足，机队将会更早购买氢能飞机入役，机队减排成本将显著提升，且给氢能飞机成熟运用和基础设施建设带来更大压力。

# 第六节　本章小结

本章基于本书开发的机队优化分析模块和获取的中国历史机队运行数据，综合考虑需求提升、翻新技术、运行管理技术、替代燃料技术、自身能效提升和颠覆性技术应用等因素，以实现 2060 年民航运输近零排放为目标，结合高铁发展规划、民航技术进步等趋势，从机队视角出发分析中国民航运输发展的最优路径。研究的主要结论如下：

（1）翻新技术、运行管理技术、替代燃料技术和节能技术综合运用下民航运输的发展路径最优。在综合考虑翻新技术、运行管理技术、替代燃料技术、自身能效进步和颠覆性技术的前提下，氢能飞机将在 2044 年投入商用。2060 年机队将以燃料电池飞机和下一代客机为主，上一代际机型、当前代际机型、氢能飞机和下一代际机型在机队中占比分别为 0%、10.5%、38.5% 和 51%，上一代际机型完全退出服役。2060 年生物质燃料和氢能的减排贡献将分别占 30.5% 和 34.4%。

（2）颠覆性技术的出现将使氢能飞机入役时间推迟，同时降低了民航运输减排成本。传统燃料客机的技术进步有可能使直接使用传统燃料飞机替代更具经济性，因而降低了替代燃料飞机的需求。颠覆性技术投入商用时机队整体减排成本最低，为每吨二氧化碳 83.9 美元。

（3）高铁的普及减轻了民航运输替代燃料引入的压力。高铁替代民航客运需求后，生物质燃料和氢能飞机引入时间分别向后推迟到 2037 年和 2046 年。高铁引入减轻了民航减碳对替代燃料技术的依赖，2060 年氢能飞机在总减排中的贡献为 27.8%。

（4）氢价走势将显著影响民航运输的减排成本。氢价直接决定氢能飞机的经济性，若氢价能在 2060 年降低至每千克 7 元人民币和 5 元人民币，氢能飞机机队规模将在 2060 年分别增加 1.6 倍和 1.8 倍，机队整体减排成本将因此下降 0.5% 和 0.8%。

（5）氢能飞机入役时间的推迟将延缓兑现氢能飞机在发展后期的经济性优势，同时可能造成每年新购氢能飞机数量增加，氢能飞机入役更密集增大了机队替代压力。若 2050 年实现氢能飞机入役，机队整体减排成本将比 2040 年入役增加 2.3%。

# 第六章　碳中和目标下中国交通部门低碳发展路径

中国交通部门能耗和碳排放随经济发展快速增加，交通部门实现近零排放存在困难。道路运输、民航运输、铁路运输和水路运输未来如何采取措施实现碳排放目标亟待研究。中国交通部门需要制定整体行动方案，促进整个部门低碳发展。

本章基于第二章提出的分析框架，结合交通部门关键低碳发展措施，对交通部门未来能耗和碳排放情况进行核算，并结合中国交通部门近零排放目标，尝试提出碳中和目标下中国交通部门的低碳行动方案。

本章内容安排如下：第一节整理核算了各运输方式的基年能耗和碳排放情况。第二节介绍了本章对中国交通部门发展的情景设计与关键的参数和假设。第三节介绍了各情景下的测算结果，包括保有量、能耗和碳排放情况。第四节介绍了各情景对比下各类低碳技术的减排贡献。第五节对本章主要内容进行小结。

## 第一节　中国交通部门能源消费和碳排放现状

本节对中国交通部门各运输方式的基年情况进行了整理，由于各运输方式的能源消费量和 $CO_2$ 排放计算方法和数据可获得性不同，因此各运输方式选择的基年不同。

### 一、道路运输

道路运输能耗和碳排放测算过程中的主要输入包括历史车队保有量、历史车队新售量、车队功能车型构成、不同技术路线比例、人均 GDP、燃油经济性和车队平均活动水平等。基于 2004~2018 年的历史数据对 2015~2018 年的车队保有量情况及能源消费量情况进行校核。

中国历史车队总保有量、各功能车型保有量和私人乘用车历史新售量数据取自《中国统计年鉴》。2004 年前中国未进行车队保有量及新售量的相关统计，因而未能获得 2004 年以前的相关历史数据，2004 年销售的汽车假定计入 2003 年，即 2004 年前生产的汽车假设为 2003 年生产。

根据历史新售量数据和生存规律数据，对 2016～2018 年私人乘用车保有量情况进行推算。饱和值设定参考了人口密度、发展趋势以及人均 GDP 发展趋势，中国发展趋势与法国和日本的发展趋势较为接近，因此本章参考了法国和日本的千人乘用车保有量历史数据和饱和值。公共汽车、环卫车和出租车保有量与政策关联性较强，年增长率较低且未呈现明显规律，因此本章采用保有量与人口进行拟合的方式。其他类型汽车采用保有量增长速率与人均 GDP 增长速率的弹性系数进行拟合预测。2016～2018 年测算结果和统计数据比对结果如表 6-1 所示。

表 6-1　2016～2018 年统计数据与模型校核数据比对

|  | 2016 年 | | | 2017 年 | | | 2018 年 | | |
|---|---|---|---|---|---|---|---|---|---|
|  | 核算值（万辆） | 统计值（万辆） | 误差（%） | 核算值（万辆） | 统计值（万辆） | 误差（%） | 核算值（万辆） | 统计值（万辆） | 误差（%） |
| 保有量 | 15806.7 | 15938.1 | -0.8 | 17995.6 | 18127.4 | -0.7 | 20296.7 | 20574.9 | -1.4 |
| 新售量 | 2260.4 | 2439.4 | -7.3 | 2481.3 | 2458.43 | 0.9 | 2692 | 2314.2 | 16.3 |
| 出租车 | 110.6 | 110.3 | 0.3 | 113.8 | 110.3 | 3.2 | 116.8 | 109.7 | 6.5 |
| 城市公交车 | 50 | 53.9 | -7.2 | 52.5 | 55.5 | -5.4 | 55 | 56.6 | -2.8 |
| 大客车 | 194 | 176 | 10.2 | 203.9 | 176.4 | 15.6 | 211.6 | 212.1 | -0.2 |
| 重型货车 | 544.1 | 569.5 | -4.5 | 597.2 | 635.4 | -6.0 | 669.4 | 709.5 | -5.7 |
| 中型货车 | 152.8 | 138.7 | 10.2 | 156.5 | 130.7 | 19.7 | 159.9 | 152.4 | 4.9 |
| 物流车 | 1428.2 | 1455.3 | -1.9 | 1484.5 | 1566.3 | -5.2 | 1678.8 | 1728.5 | -2.9 |
| 环卫车 | 16.8 | 19.4 | -1.4 | 17.2 | 22.8 | -4.6 | 17.8 | 22.5 | -9.9 |

注：保有量指私人乘用车保有量；新售量指私人乘用车。

结合相关机构公布的技术路线占比和燃油经济性数据，2016～2018 年道路运输能耗如表 6-2 所示。2015～2017 年的道路运输汽油消耗量分别是 1.12 亿吨、1.18 亿吨和 1.2 亿吨，柴油消耗量分别为 1.05 亿吨、1 亿吨和 1.09 亿吨。与统计结果对比来看，2015～2018 年模块对道路运输汽油消耗量测算结果的误差分别为 -4.5%、-4.1%、-0.2% 和 0.4%，对柴油消耗量测算结果的残差分别为 -3.9%、3.2%、-1.8% 和 0.8%。本章认为误差较小，道路运输相关参数基本反映了道路运输的实际情况。

表 6 - 2　2015 ~ 2018 年统计数据与模型校核数据比对　　单位：百万吨

| 年份 | 2015 | 2016 | 2017 | 2018 |
|---|---|---|---|---|
| 私人乘用车 | 100.6 | 106.8 | 114.1 | 117.2 |
| 出租车 | 6.4 | 6.2 | 6.0 | 6.2 |
| 汽油总计 | 107.0 | 113.2 | 120.2 | 123.4 |
| 汽油统计值 | 112.0 | 118.0 | 120.4 | 122.9 |
| 残差（%） | -4.5 | -4.1 | -0.2 | 0.4 |
| 公交车 | 2.4 | 2.5 | 2.7 | 2.7 |
| 大客车 | 9.6 | 10.1 | 10.7 | 11.1 |
| 重型卡车 | 55.3 | 55.4 | 56.6 | 57.1 |
| 中型卡车 | 4.6 | 4.7 | 4.8 | 5.0 |
| 物流车 | 29.0 | 30.3 | 31.7 | 32.3 |
| 环卫车 | 0.4 | 0.3 | 0.3 | 0.3 |
| 柴油总计 | 101.2 | 103.4 | 106.8 | 108.5 |
| 柴油统计值 | 105.3 | 100.2 | 108.6 | 107.6 |
| 残差（%） | -3.9 | 3.2 | -1.8 | 0.8 |

　　道路运输碳排放如图 6 - 1 所示。道路运输碳排放以重型货车和私人乘用车为主，2018 年总排放为 7.3 亿吨，比 2015 年增长 15.9%。

**二、民航运输**

　　民航运输能源消费量由历史机队构成、燃油经济性和单机平均活动水平计算得来。第五章第一节已经对机队构成情况进行了介绍，因此本节主要介绍燃油经济性、活动水平和运输距离等参数的现状以及民航能源消费量和碳排放情况。

　　本章基于飞常准数据平台的中国各航司的航班飞行数据对单机的活动水平进行校核，计算 2015 ~ 2018 年不同机型的平均执飞航班数量和单次航班飞行距离。2015 ~ 2018 年，中国民航客运共执行航班次数分别为 337.3 万次、368.3 万次、403.5 万次和 434.1 万次，包括波音 737 系列和空中客车 A320 系列在内的窄体客机机型仍然是机队执飞主力。历年窄体客机执飞航班数量在民航总执飞航班次数中的占比为 88.1%、87.9%、87.5% 和 88%，宽体客机执飞航班比例有所增加，从 5.7% 增长到 6.5%。

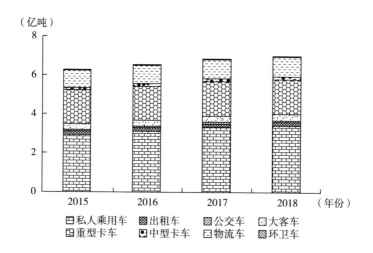

**图 6-1　2015~2018 年道路运输碳排放**

不同机型单次航班平均飞行距离由不同航线飞行距离及执飞航班次数计算得来，本章对我国现有 10871 条航线进行统计（包括两机场飞行航线、三机场飞行航线、四机场飞行航线和五机场飞行航线），测算不同机型在执飞客运任务时的平均飞行距离。多机场航线飞行距离由两两机场之间飞行距离加总得来。航线飞行距离由文献调研和飞行数据库查询机场三字码（IATA Code）得来，少量航线涉及机场无法从数据库或文献中查询到，因而采用机场经纬度数据对航线距离进行估计。一方面，小机场一般不执飞国际航线，其执飞国内航线距离在 1000 公里量级，即便采用经纬度进行估计，误差也在正负一百公里；另一方面，小机场航班量较小，因而对机队平均结果的影响有限。

航线飞行距离统计情况如图 6-2 所示。航线仍以国内航线为主，集中在 500~3000 公里，飞行距离在 500~3000 公里的航线在所有航线中的占比为 76.2%。3000 公里以上的航线占比为 15.5%。图 6-2 表明，中国民航运输仍集中在中短距离，长距离航线一般为跨国航班。

结合在各航线中不同机型执飞的航班次数，本章对中国民航客运单机执飞单次航班的飞行距离进行测算。2017 年和 2018 年不同机型执飞航班的平均飞行距离如图 6-3 和图 6-4 所示。横坐标表示不同飞机类型，纵坐标为其在一年内执飞航班的平均飞行距离。典型窄体客机如空中客车 A320 系列和波音 737 系列的平均飞行距离在 1500~1800 公里。宽体客机平均飞行距离波动较大，受机型设计航程、国际航线特点等因素影响。典型宽体机型空中客车 A330 和 A330 - 300 的平均飞行距离分别为 3500～3600 公里和 2740～3931 公里。波音 777 系列、787 系列和空中客车 A330 - 200 的平均飞行距离分别为 3200～6036 公里、4500～9400 公里和 6830～7954 公里。

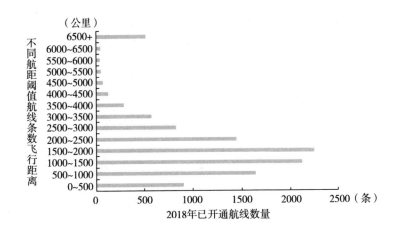

**图 6 - 2　2015～2018 年中国民航不同飞行距离范围航线条数**

如果将机队分为宽体客机、窄体客机和支线客机三类，平均飞行距离测算结果如图 6 - 5 所示。尽管 2017～2018 年宽体客机平均飞行距离有所回落，但从整体来看，客运飞机单次平均飞行距离有增加的趋势。2015～2018 年，宽体客机平均飞行距离从 3969 公里增长至 4411 公里，窄体客机平均飞行距离从 1481 公里增长至 1570 公里，支线客机平均飞行距离从 876 公里增长至 1011 公里。

不同运输距离下客机能耗数据取自以往研究的实测数据，部分缺少实际数据的机型采用第二章中提到的拟合函数进行拟合。民航货运能耗按照周转量和能耗因子计算得来。综合民航客运能源消费量和货运能源消费量，2015～2018 年中国民航运输能源消费量如表 6 - 3 所示。民航总能源消费量从 26.8 万吨增长至 37.3 万吨，平均年增长率为 10.7%。民航客运能源消费量从 24.2 万吨增长至 33 万吨，平均年增长率为 10.9%。宽体客机能源消费量在民航运输总能源消费量中的占比逐渐增加，达到 25.9%，窄体客机能源消费量占比有所下降，为 72.4%，支线客机能源消费量占比基本保持不变。2015～2018 年，民航运输碳排放从 8097.8 万吨增长至 10998.6 万吨。

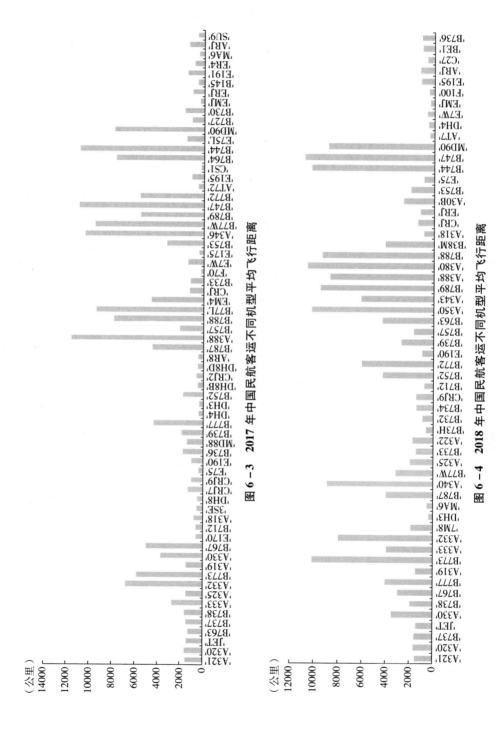

图 6 - 3  2017 年中国民航客运不同机型平均飞行距离

图 6 - 4  2018 年中国民航客运不同机型平均飞行距离

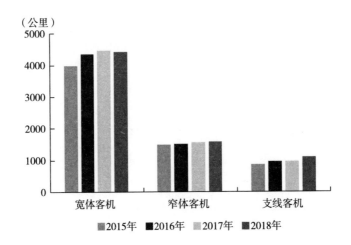

图 6-5　2015～2018 年不同类别客机平均飞行距离

表 6-3　2015～2018 年民航运输业能源消费量　　　单位：百万吨

| 年份 | 2015 | 2016 | 2017 | 2018 |
|---|---|---|---|---|
| 宽体客机 | 5.3 | 6.8 | 8.4 | 8.9 |
| 窄体客机 | 18.5 | 20.5 | 22.0 | 24.4 |
| 支线客机 | 0.4 | 0.5 | 0.5 | 0.6 |
| 民航货运 | 2.7 | 2.9 | 3.1 | 3.4 |
| 总能源消费量 | 26.8 | 30.6 | 34.0 | 37.3 |
| 统计值 | 25.6 | 30.3 | 33.5 | 37.4 |

### 三、铁路运输

铁路运输能源消费量由《中国铁道年鉴》公布的内燃机车及电力机车的相关数据计算得来。自 2014 年起，《中国铁道年鉴》和国家相关统计数据不再公布内燃机车和电力机车的平均牵引总重数据，因此本章中铁路运输以 2010～2014 年为基年。铁路运输周转量不等同于铁路运输工作量，因为铁路机车除本机任务外，还需要承担重机、补机等任务，且机车本身存在自重，因而机车牵引工作量统计数据往往比周转量统计数据大。周转量与牵引工作量的转换系数取自杨帆（2015）和北京交通大学中国综合研究中心等研究的研究结论。

不同类型机车的货运工作量在铁路总货运工作量中的占比由铁路机车保有量、机车平均牵引总重和货运机车综合日产量计算得来。货运机车平均牵引总重和货运机车综合日产量取自《中国铁道年鉴》。机车客运工作量由不同类型机车的总工作量减去货运工作量得来。2010～2014 年内燃机车、电力机车和高铁动车组工作量情况如表 6 – 4 所示。整体来看，电力机车货运工作量在总货运工作量中的占比显著提高，从 2010 年的 67.1% 提高到 2014 年的 78%。

表 6 – 4　2010～2014 年内燃机车、电力机车及高铁动车组工作量

单位：亿吨公里

| | | 2010 年 | 2011 年 | 2012 年 | 2013 年 | 2014 年 |
|---|---|---|---|---|---|---|
| 货运 | 内燃机车 | 12553.4 | 11237.2 | 10094.9 | 8472.4 | 7226.4 |
| | 电力机车 | 25319.0 | 27657.7 | 28140.2 | 28578.5 | 26911.1 |
| 客运 | 内燃机车 | 3562.4 | 3218.7 | 2967.2 | 2903.9 | 2545.9 |
| | 普通电力机车 | 3711.0 | 3933.4 | 3621.8 | 3219.0 | 3377.7 |
| | 高铁动车组 | 593.0 | 1397.6 | 1940.2 | 2968.0 | 3982.3 |

结合单位工作量能耗因子，本章对铁路运输能耗情况进行测算分析，结果如表 6 – 5 所示。2010～2014 年，从统计值来看，内燃机车牵引用柴油消费量从 425.1 万吨减少至 265.5 万吨，五年内计算残差均在 5 万吨以内。其中，货运内燃机车柴油消费量从 2.5 万吨减少至 1.4 万吨，客运内燃机车柴油消费量从 1.8 万吨减少至 1.3 万吨。电力机车相关统计数据显示，牵引电力消费量从 303.2 亿千瓦时增长至 353.9 亿千瓦时，五年计算残差在 20 亿千瓦时以内。除 2014 年外，误差占比均小于 5%。其中，货运电力机车电力消费量增长至 216.7 亿千瓦时，客运电力机车电力消耗量增长至 155.0 亿千瓦时。其中，高铁客运的能耗从 16.9 亿千瓦时增长至 102.3 亿千瓦时。铁路运输直接碳排放较低，2010～2014 年维持在 1000 万吨以内。

表 6 – 5　2010～2014 年铁路运输能耗校核

| | | 单位 | 2010 年 | 2011 年 | 2012 年 | 2013 年 | 2014 年 |
|---|---|---|---|---|---|---|---|
| 货运 | 内燃机车 | 百万吨 | 2.5 | 2.2 | 2.0 | 1.6 | 1.4 |
| | 电力机车 | 亿千瓦时 | 206.6 | 221.7 | 228.9 | 227.1 | 216.7 |
| 客运 | 内燃机车 | 百万吨 | 1.8 | 1.6 | 1.5 | 1.4 | 1.3 |
| | 普通电力机车 | 亿千瓦时 | 73.9 | 72.5 | 64.7 | 59.6 | 52.7 |
| | 高速铁路 | 亿千瓦时 | 16.9 | 38.0 | 52.3 | 69.1 | 102.3 |

| | | 单位 | 2010 年 | 2011 年 | 2012 年 | 2013 年 | 2014 年 |
|---|---|---|---|---|---|---|---|
| 总体情况 | 柴油核算值 | 百万吨 | 4.236 | 3.830 | 3.509 | 3.088 | 2.655 |
| | 柴油统计值 | 百万吨 | 4.251 | 3.837 | 3.496 | 3.109 | 2.657 |
| 总体情况 | 残差 | 百万吨 | -0.015 | -0.007 | 0.013 | -0.021 | -0.002 |
| | 百分比 | % | -0.4 | -0.2 | 0.4 | -0.7 | -0.1 |
| | 电力核算值 | 亿千瓦时 | 297.3 | 332.2 | 345.9 | 355.7 | 371.8 |
| | 电力统计值 | 亿千瓦时 | 303.2 | 331.8 | 344 | 354.2 | 353.9 |
| | 残差 | 亿千瓦时 | -5.9 | 0.4 | 1.9 | 1.5 | 17.9 |
| | 百分比 | % | -1.9 | 0.1 | 0.5 | 0.4 | 5.1 |

### 四、水路运输

水路运输分别采用周转量法和运距法对水路运输基年能源消费量进行测算，结果如表 6-6 所示。由于 2017 年和 2018 年缺少单体船舶的功率运行数据，因此对 2017 年和 2018 年未采用船舶级别数据对能源消费量进行校核。沿海货运在水运能源消费量中的占比已经达到 35% 以上，沿海货运能源消费量年均增长率为 5.2%。远洋货运能源消费量下降趋势明显。水路运输活动水平数据取自历年中国《交通运输行业发展统计公报》。

表 6-6  2014~2018 年水运能源消费量          单位：百万吨

| | | | 2014 年 | 2015 年 | 2016 年 | 2017 年 | 2018 年 |
|---|---|---|---|---|---|---|---|
| 单体船舶活动水平法 | 货运 | 内河 | 6.38 | 6.24 | 6.33 | — | — |
| | | 沿海 | 9.78 | 9.89 | 10.50 | — | — |
| | | 远洋 | 11.48 | 11.01 | 10.36 | — | — |
| | 客运 | | 0.08 | 0.07 | 0.07 | — | — |
| | 总计 | | 27.71 | 27.21 | 27.26 | — | — |
| 周转量法 | 货运 | 内河 | 8.39 | 8.56 | 8.87 | 9.21 | 9.26 |
| | | 沿海 | 8.66 | 8.56 | 8.73 | 9.72 | 10.59 |
| | | 远洋 | 10.46 | 9.69 | 9.89 | 8.92 | 7.98 |
| | 客运 | | 0.08 | 0.07 | 0.07 | 0.08 | 0.08 |
| | 总计 | | 27.58 | 26.88 | 27.56 | 27.93 | 27.91 |
| 统计值 | | | 27.49 | 26.19 | 27.50 | 27.80 | 27.91 |

# 第二节　中国交通部门低碳发展情景设计

　　为分析中国交通部门实现近零排放的可行行动方案，本章对中国交通部门未来发展设计了三种情景进行模拟，分别是基准情景、2℃目标情景和碳中和近零排放情景。情景设计和描述如表6－7所示。

**表6－7　中国交通部门低碳发展情景设计**

| 情景设置 | 情景描述 |
| --- | --- |
| 基准情景 | 考虑各类交通工具的能效提升、运输结构优化和替代燃料技术的一定程度普及，包括电动汽车、燃料电池汽车、液化天然气船舶和航空生物质燃料的应用 |
| 2℃目标情景 | 考虑较为强力的公共交通鼓励措施和私人汽车出行比例限制措施，以及快速发展的交通节能减排技术革新：<br>1. 道路运输方面，电动汽车和燃料电池汽车加速推广，能效进一步提高；<br>2. 民航运输方面，采用即用性生物质航煤协助减排；<br>3. 铁路运输方面，提升铁路货运电气化率，高铁在城间客运中比重进一步提高；<br>4. 水路运输方面，开展替代燃料船舶的示范应用；<br>5. 货运结构向铁路和水路转移，城间客运结构向高速铁路转移 |
| 碳中和近零排放情景 | 考虑电动交通工具、氢能交通工具、生物质替代燃料的大规模应用，交通部门实现近零排放：<br>1. 道路运输进一步收紧能效标准，各省份依据自身情况设立禁售方案，考虑自动驾驶技术的影响；<br>2. 民航运输采用管理、翻新、替代燃料多种措施相结合的方式加速低碳发展进程；<br>3. 铁路运输方面，高铁实现50万人口以上城市通达，电力机车承担货运比例进一步提高；<br>4. 沿海和内河水路货运实现电动船舶和氢能船舶的规模化应用 |

　　基准情景下，本章考虑了高铁发展规划对城间运输结构的影响以及各类替代燃料技术的进一步应用。新兴的交通替代燃料技术包括道路运输中的电动汽车和燃料电池汽车、水路运输中的液化天然气船舶以及民航运输中的即用型生物质航

煤。2℃目标情景下，交通部门将采用更加激进的替代燃料技术的渗透策略，包括提高电动汽车和燃料电池汽车的市场渗透率、扩大生物质航煤的应用规模以及提高液化天然气船舶的保有量。

与2℃目标情景相比，碳中和近零排放情景将采用更为综合的低碳发展措施。道路运输方面，各省份根据自身经济和产业发展情况制订燃油车推出计划，出租车和公交车必须实现禁售，乘用车力争实现禁售，同时考虑自动驾驶技术等新兴业态的影响。民航运输采取更为综合的减排措施，碳中和近零排放情景下民航运输将综合采用管理技术、翻新技术和替代燃料技术实现低碳发展。铁路运输进一步提高电气化比例，水路运输实现电动和氢能的规模化应用。

下文将对三种情景下的关键数据及假设进行介绍。城间客运结构变化主要受高铁建设规划的影响，货物运输受国家政策引导影响，而中国已经基本确定了未来高铁、公转水和公转铁的发展规划，因此各情景下对交通运输结构的未来发展趋势假设相同。铁路运输的低碳发展路径以提升电气化率为主，铁路运输本身碳排放总量较低，因此本章假设在各情景下铁路运输的发展路径相同。各情景下其他运输方式的假设存在差异，将在本节第二部分"各情景间相异参数"中进行详细介绍。

**一、各情景共同参数**

本节将对三种情景中一致的参数和假设进行介绍，主要包括交通运输结构、铁路运输和交通工具能效提升的相关参数假设。

1. 运输结构变动

随着八纵八横高铁线路的建设和推进，高铁网络的覆盖范围将进一步扩大，高铁在城间客运中将扮演更重要的角色。营运性车辆客运服务量将逐渐下降。结合第三章中高铁对民航替代效应的分析结果，参考交通运输部科学研究院等机构的研究结果，本章假设中国交通部门城间客运结构将持续调整，2035年铁路、道路、民航和水运在客运周转量中的占比分别为41%、34.3%、24.4%和0.3%，2050年四种运输方式的占比分别为43.6%、29.9%、26.2%和0.3%，2060年四种运输方式的占比分别为45.5%、27.1%、27.1%和0.3%。具体数据如表6-8所示。

本章暂不考虑城间营运性道路客运和水路客运对高铁和民航运输的替代影响，主要原因是：①城间公路客运相对民航和高铁运输不在同一具体范围的竞争区间，水路客运则体量较小；②两种运输方式规律性不强，数据不足以支持对其进行细致刻画。

表6-8 中国交通部门城间客运结构 单位:%

| 年份 | 2025 | 2030 | 2035 | 2040 | 2045 | 2050 | 2055 | 2060 |
|------|------|------|------|------|------|------|------|------|
| 铁路运输 | 39.3 | 40.2 | 41.0 | 41.9 | 42.7 | 43.6 | 44.5 | 45.5 |
| 道路运输 | 37.1 | 35.6 | 34.3 | 32.8 | 31.5 | 29.9 | 28.5 | 27.1 |
| 民航运输 | 23.3 | 23.9 | 24.4 | 25.0 | 25.5 | 26.2 | 26.7 | 27.1 |
| 水路运输 | 0.3 | 0.3 | 0.3 | 0.3 | 0.3 | 0.3 | 0.3 | 0.3 |

货运结构方面,长距离货运服务逐步向铁路和水运转移,道路货运将主要承担质量较轻且附加值较高的物流运输服务。《中国高速公路运输量统计调查分析报告2014》表明,铁路运输的大宗商品运量占铁路货运总量的90%,水路运输和高速公路货运周转量中大宗商品占比分别为74.9%和52.6%。未来大宗商品货运量将呈现明显下降趋势,因此,尽管国家积极鼓励货运结构向铁路和水路转移,但铁路和水运的货运结构不会出现较大幅度提高。参考以往研究结果,本章设定2060年铁路、道路、水路和民航货运在总货运周转量中的占比分别为23.4%、53.6%、22.7%和0.3%。具体数据如表6-9所示。

表6-9 中国交通部门货运结构 单位:%

| 年份 | 2025 | 2030 | 2035 | 2040 | 2045 | 2050 | 2055 | 2060 |
|------|------|------|------|------|------|------|------|------|
| 铁路运输 | 22.9 | 24.3 | 25.2 | 25.7 | 25.5 | 25.1 | 24.4 | 23.4 |
| 道路运输 | 46.7 | 44.9 | 44.3 | 44.5 | 46.6 | 49.1 | 51.3 | 53.6 |
| 民航运输 | 0.1 | 0.1 | 0.1 | 0.1 | 0.1 | 0.2 | 0.2 | 0.3 |
| 水路运输 | 30.3 | 30.7 | 30.4 | 29.7 | 27.8 | 25.6 | 24.1 | 22.7 |

2. 铁路运输电气化率假设

铁路运输电气化率将进一步提高,以减少铁路运输的柴油消耗。2℃目标情景和碳中和近零排放情景下,2035年、2050年和2060年内燃机车、电力机车和高速铁路动车组的工作量占比如表6-10所示。结合以往研究,考虑到内燃机车仍可能需要承担部分高海拔或特殊地理条件下的运输任务,因此本章假设2060年内燃机车仍将在铁路货运工作量中占有较小比例。

表 6-10  铁路运输工作量占比  单位:%

| 年份 | 2035 | 2050 | 2060 |
|---|---|---|---|
| 内燃货运占比 | 15 | 5 | 1 |
| 电力货运占比 | 85 | 95 | 99 |
| 内燃客运占比 | 5 | 3 | 1 |
| 普通电力客运占比 | 12 | 13 | 13 |
| 高铁客运占比 | 83 | 84 | 86 |

3. 交通工具能效提升

交通工具能效提升是中国交通部门减排的重要措施。本章参考以往研究的相关结果和假设,对未来各类交通工具能效提升进行设置。三种情景下对交通工具能效提升的假设相同。

道路运输中汽车能效提升数据假设依据笔者所在课题组已有研究基础进行设置。本章假设出租车和乘用车为汽油驱动,中重型货车、大客车等商用车为柴油驱动。其他技术路线的车辆能耗依据能量等效。参考《节能与新能源汽车技术路线图 2.0》和其他相关研究,考虑到实际运行能耗一般高于工况测得的能效水平,本章结合中国汽车能效实测统计数据对数据进行调整。

自动驾驶技术可能将大规模应用。自动驾驶技术可能对燃油经济性产生多方面的影响,包括拥堵适应性、绿色驾驶、跟车行驶、车队车速提高、碰撞规避、整车质量变化等方面。参考相关研究结果,本章对自动驾驶技术可能产生的影响的上限值和下限值总结如图 6-6 所示。本章参考图 6-6 中所示自动驾驶汽车造成的各方面影响,选择综合影响的中位数,用以反映自动驾驶技术的汽车能效的影响作用。

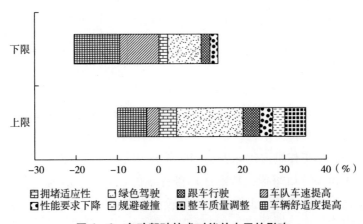

图 6-6  自动驾驶技术对能效水平的影响

民航飞机能效提升考虑了客机 15 ~ 20 年的代际变化（即 15 ~ 20 年内会出现下一代际飞机），新代际出现前假设客机能效每年提升 0.7%。铁路运输能效进一步提升，平均每年的单位工作量能效提升 0.3% ~ 0.5%。具体数据如表 6 - 11 所示，表中数据为相对 2020 年提升比例。2060 年乘用车的能效水平相较 2020 年提升 48.2%。

表 6 – 11　中国交通工具能效较之于 2020 年提升比例　　　单位:%

| 交通工具类型 ＼ 年份 | 2030 | 2040 | 2050 | 2060 |
|---|---|---|---|---|
| 私人乘用车 | 4.8 | 18.1 | 44.6 | 51.8 |
| 出租车 | 15.6 | 28.6 | 40.3 | 48.1 |
| 公交车 | 12.6 | 16.1 | 19.4 | 23.6 |
| 大客车 | 12.6 | 16.1 | 19.4 | 23.6 |
| 重型货车 | 9.7 | 17.8 | 22.6 | 34.8 |
| 中型货车 | 10.8 | 16.0 | 21.0 | 25.7 |
| 轻型货车 | 10.7 | 17.7 | 24.2 | 31.9 |
| 环卫车 | 12.6 | 19.5 | 25.8 | 34.0 |
| 支线客机 | 6.8 | 25.1 | 31.9 | 37.5 |
| 窄体客机 | 6.8 | 30.2 | 37.0 | 43.1 |
| 宽体客机 | 6.8 | 32.4 | 38.1 | 44.1 |
| 内燃机车 | 4.3 | 13.8 | 17.3 | 20.5 |
| 电力机车 | 4.0 | 7.7 | 11.5 | 15.0 |
| 高铁动车组 | 2.6 | 4.7 | 6.8 | 9.1 |
| 船舶 | 4.6 | 9.5 | 13.1 | 16.5 |

## 二、各情景间相异参数

### 1. 道路运输不同车辆技术应用比例

配套基础设施的完善、电动汽车和燃料电池汽车的超前布局，是道路运输减碳的关键措施，直接决定了车队的节能减排效果。考虑到各情景下的目标不同，本章对三种情景下的新能源汽车市场渗透率采用不同参数设置。NGVs 是传统内燃机车的一种，但由于其所用燃料与传统燃油车不同，且具备一定减排效果，因此本章将其单独列出。保有量占比按照第二章所述方法计算。技术路线新售量占比设置参考了以往研究的研究结果。

基准情景下，替代燃料技术汽车将在车队中逐步推广，2050 年和 2060 年电动汽车在车队中的占比分别为 38% 和 47.2%。FCVs 发展速度稳定，NGVs 在短期内得到应用，但在中远期数量不会快速增加。

2℃ 目标情景下，电动汽车在新售量中的占比将在 2035 年、2050 年和 2060 年分别达到 62.2%、81% 和 92.1%。2035 年、2050 年和 2060 年燃料电池汽车推广数量分别达到 100 万辆、150 万辆和 200 万辆。新能源汽车推广比例逐年提高，且该情景不考虑对传统燃油车的禁售。

碳中和近零排放情景下，中国各省份将采取分阶段禁售策略。本章仅考虑城市公交车、出租车和乘用车的燃油车禁售，商用车受运输任务和电池发展水平的限制，中短期内无法实现燃油车禁售。参考世界资源研究所、中国电动汽车百人会和交通与发展政策研究所等机构的研究结果，本章对我国各省份进行划分。按照各省份的发展情况划分为四个禁售批次，逐步实现私人乘用车、出租车和公交车的燃油车禁售。考虑到气候条件和经济发展情况，本章认为东北地区、西北地区和西南地区将在最后批次实现禁售，北京、上海、广东、海南等省（市）具备产业先发和经济发展优势因而将率先实现禁售。东北地区受气候条件影响，冬天电动汽车续驶里程不足，电动汽车推广有一定难度。北京、上海和广州等城市经济基础好，且已有在推行的电动汽车激励政策，将率先完成三类汽车的禁售。

由于电池技术的局限性，本章不考虑商用车的禁售。中重型货车和长途客车将逐步推广燃料电池汽车。结合《节能与新能源汽车技术路线图 2.0》和相关研究，本章假设燃料电池汽车在中重型货车保有量中的占比在 2035 年、2050 年和 2060 年分别达到 7%、20% 和 45%。

三种情景下不同车辆技术在保有量中的占比如表 6-12 所示。2060 年，碳中和近零排放情景下整体车队保有量中电动汽车的占比将达到 97.4%。

表 6-12　未来不同车辆技术在保有量中的占比　　　　单位:%

| 情景设置 | 年份<br>车辆技术 | 2030 | 2040 | 2050 | 2060 |
|---|---|---|---|---|---|
| 基准情景 | ICEVs | 83.8 | 69.5 | 60.4 | 50.7 |
|  | EVs | 15.6 | 29.5 | 38.0% | 47.2 |
|  | FCVs | 0.1 | 0.4 | 0.9 | 1.3 |
|  | NGVs | 0.5 | 0.6 | 0.7 | 0.8 |

续表

| 情景设置 | 车辆技术 年份 | 2030 | 2040 | 2050 | 2060 |
|---|---|---|---|---|---|
| 2℃目标情景 | ICEVs | 81.7 | 58.2 | 35.7 | 24.0 |
| | EVs | 17.6 | 40.4 | 62.5 | 73.9 |
| | FCVs | 0.1 | 0.6 | 1.1 | 1.5 |
| | NGVs | 0.6 | 0.8 | 0.7 | 0.6 |
| 碳中和近零排放情景 | ICEVs | 81.2 | 46.7 | 13.2 | 1.0 |
| | EVs | 18.0 | 52.0 | 85.2 | 97.4 |
| | FCVs | 0.1 | 0.6 | 1.0 | 1.4 |
| | NGVs | 0.7 | 0.7 | 0.6 | 0.2 |

2. 民航运输关键数据及假设

高铁发展对民航运输产生了相应的替代效果，且高铁建设规划仍在逐步实施，因此本章所用碳中和近零排放情景下的民航运输相关假设参考第四章中的高铁替代情景的路径计算结果进行设置。民航运输将在窄体客机、宽体客机和支线客机中应用翻新技术、机队运行管理技术和替代燃料技术来实现近零排放。基准情景和2℃目标情景下，民航运输则只以生物质燃料作为减碳措施。

翻新技术中融合式翼梢小翼、电动滑行系统和机舱减重技术应用规模逐步从2030年的402架次增长到2060年的2016架次。运行管理技术方面，机场地面运行管理系统将全面应用以提升滑行阶段的效率。

氢能飞机将在2046年进入机队商用，窄体客机中氢能飞机数量将最终达到577架，宽体客机和支线客机中应用数量相对较少，宽体客机和支线客机机队中的整体数量小于100架。

电动飞机于2048年进入支线客机机队商用，最终在机队中保有量达到86架。生物质燃料自2038年开始应用后，规模逐渐扩大，在机队总能源消费量中的占比从2.1%增长至43.8%。

2035年下一代际机型将进入服役，各类机型机队中下一代际机型将在2035年后逐渐替代当前代际机型，下一代际机型能效较之于当前代际机型将提高20%。

3. 水路运输关键数据及假设

基准情景和2℃目标情景下，船队将以液化天然气（Liquefied Natural Gas，LNG）为主要替代燃料。基准情景下液化天然气应用规模相对较小，且不考虑电动船舶在船队中的应用。2060 年，内河和沿海船队中 LNG 船舶的占比将分别达到 73% 和 45% 。

2℃ 目标情景下，在 2040 年后逐步开始小规模的新能源船舶示范应用。2035 年、2050 年和 2060 年 LNG 船舶在船队中的占比分别为 7% 、65.4% 和 84.2% 。2040 年后电动船舶将在内河中少量应用。2060 年电动船舶在船队中的占比将达到 5% ，LNG 船舶的占比将达到 80% 以上。

碳中和近零排放情景下，水路运输将大规模推广氢能船舶和电动船舶，通过氢能船舶和电动船舶的应用协助船队最终实现深度脱碳。内河货运将以 LNG 船舶为过渡，逐步转变为以电动船舶为主。沿海货运将以 LNG 船舶为过渡，逐步转变为以氢能船舶为主。2060 年中国沿海船队中氢能船舶的占比将达到 40% ，内河船队中电动船舶的占比将达到 78% 。

三种情景下内河和沿海货运船队的构成如表 6 – 13 所示。

表 6 – 13　内河和沿海货运船队构成

| 情景设置 | | 年份<br>技术路线 | 2030 | 2040 | 2050 | 2060 |
|---|---|---|---|---|---|---|
| 基准情景 | 内河 | 柴油 | 95.0 | 72.0 | 46.0 | 27.0 |
| | | LNG | 5.0 | 28.0 | 54.0 | 73.0 |
| | 沿海 | 柴油 | 97.0 | 91.0 | 75.0 | 55.0 |
| | | LNG | 3.0 | 9.0 | 25.0 | 45.0 |
| 2℃ 目标情景 | 内河 | 柴油 | 93.0 | 60.0 | 18.0 | 10.0 |
| | | LNG | 7.0 | 40.0 | 80.0 | 85.0 |
| | | 电动 | 0.0 | 0.0 | 2.0 | 5.0 |
| | 沿海 | 柴油 | 95.0 | 82 | 50 | 20 |
| | | LNG | 5.0 | 18 | 50 | 80 |
| 碳中和近零<br>排放情景 | 内河 | 柴油 | 92.0 | 60.1 | 4.0 | 0.0 |
| | | LNG | 6.0 | 25.2 | 42.0 | 14.0 |
| | | 电动 | 2.0 | 13.1 | 49.0 | 78.0 |
| | | 氢能 | 0.0 | 1.6 | 5.0 | 8.0 |
| | 沿海 | 柴油 | 95.0 | 79.0 | 42.0 | 10.0 |
| | | LNG | 5.0 | 16.0 | 34.0 | 50.0 |
| | | 氢能 | 0.0 | 5.0 | 24.0 | 40.0 |

# 第三节　情景分析研究结果

## 一、中国交通客货运需求

中国交通部门货运需求逐步由短期内的高速增长转为中长期内的平稳增长。随着大宗散货运输需求在 2030 年前达到峰值和高价值及高时效性货物运输需求的提高，货运需求在 2040 年后将趋于平稳。2060 年货运周转量将达到 170829.2 亿吨公里，较 2020 年增长 7%。货运周转量在 2040 年前后达到峰值。碳中和近零排放情景下，2060 年电力和氢能将成为主要的承运燃料类型，在总货运周转量中的占比分别为 69.8% 和 17.6%。货运周转量构成如图 6-7 所示。

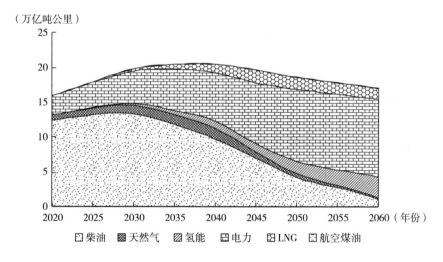

**图 6-7　碳中和近零排放情景下货运周转量**

中国交通部门客运需求总体增速逐渐放缓。随着人均出行次数达到最高约束，中国城际客运需求将进入平稳状态。受人均出行次数和人口达峰的影响，2030 年后客运需求增速开始减缓。2060 年客运周转量将达到 136530.4 亿人公里，较 2020 年增长 95%。客运周转量构成如图 6-8 所示。

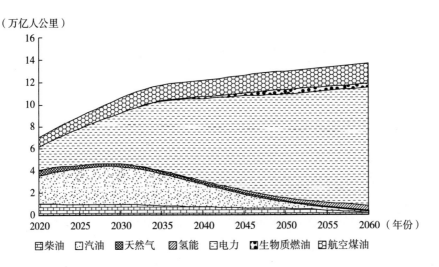

（万亿人公里）

图例：柴油 □汽油 ⊞天然气 ◩氢能 □电力 ◪生物质燃油 ⊡航空煤油

**图 6 - 8　碳中和近零排放情景下客运周转量**

## 二、交通工具保有量

1. 汽车保有量

中国道路车队构成情况如图 6 - 9 所示。2030 年前中国车队保有量将随乘用车保有量的快速增加而快速增长，2030 年后中国车队保有量增速逐渐放缓，进入平台期，2060 年车队保有量将达到 5.4 亿辆。基准情景下 2060 年汽油车和柴油车在车队保有量中的占比仍超过了 50%，电动汽车保有量的年均增速为13.7%。碳中和近零排放情景下，由于各省份均采取了禁售策略，2050 年中国乘用车新售量中纯电动汽车已经达到 100%，电动车保有量增速要远高于 2℃目标情景和基准情景下的保有量。

2. 机队保有量

2℃目标情景和碳中和近零排放情景下的机队保有量和构成如图 6 - 10 所示。碳中和近零排放情景下，氢能飞机和电动飞机保有量在 2046 年后逐渐增加，最终分别达到 1631 架和 147 架。原有代际机型保有量从 2035 年的 2920 架降至2060 年的 0 架。下一代际机型逐渐成为机队主力，2035 年入役后从 336 架增长至 2060 年的 5502 架。

3. 铁路机车保有量

根据铁路机车工作量占比和单车承担工作量测算未来铁路机车保有量，如图6 - 11 所示。由于存在特殊地理位置的运输任务或其他需要较大推力的爬坡任

务，铁路运输将保留极少部分的内燃机车，内燃机车在 2060 年的占比将降至
1.9%。高铁动车组将随着高铁线路的开通而快速增加，2060 年高铁动车组数量
将比 2020 年增加 1.6 倍，高铁动车组保有量将达到 1.5 万标准列，与 2020 年相
比年均增长率为 9.7%。

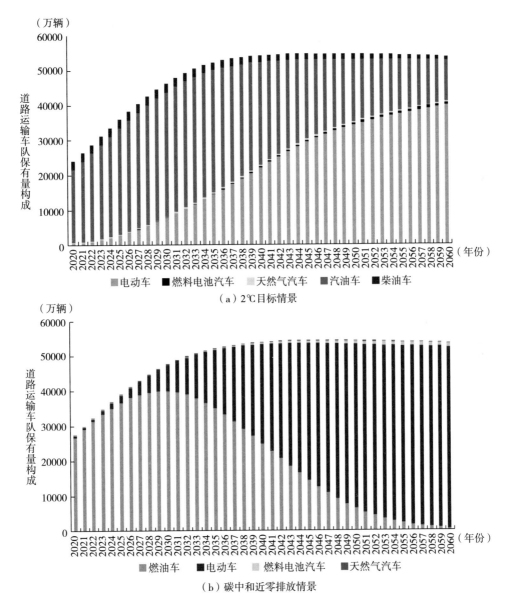

图 6-9 中国道路车队构成

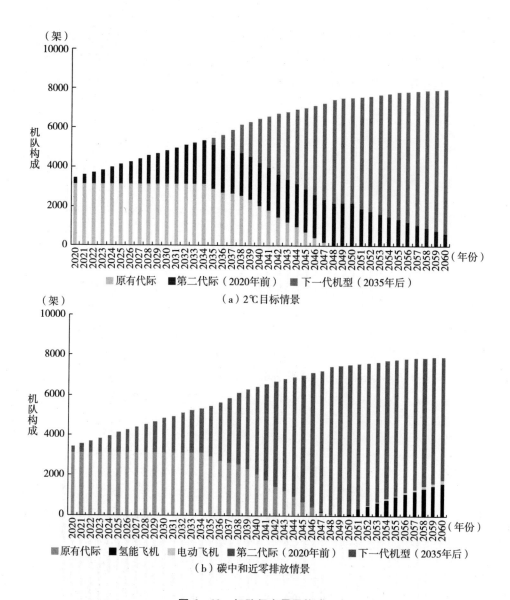

图 6-10　机队保有量及构成

4. 船队保有量

2℃目标情景和碳中和近零排放情景下的船队构成如图 6-12 所示。两种情景下短期内中国船队构成变化趋势差异较小，LNG 船舶在 2025 年后规模逐渐扩大，2035 年分别达到 2.3 万艘和 3.2 万艘。碳中和近零排放情景下，2030 年后氢能船舶和电动船舶保有量逐渐增加，在 2046 年后快速增加，电动船舶保有量从 2030 年的

0.3 万艘增加至 7.6 万艘,年均增长率为 11.4%。氢能船舶自 2035 年前后入役,从 2035 年的 0.03 万艘增长至 2060 年的 0.74 万艘,年均增长率为 13.7%。

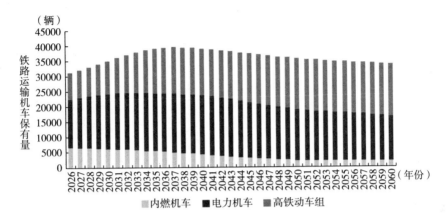

图 6-11  中国铁路机车保有量

### 三、能源需求及构成和碳排放

1. 道路运输能源需求及碳排放

中国道路运输能源需求保持增长,2020~2030 年,受乘用车需求增长旺盛的影响,道路运输能耗增长迅速,2℃目标情景下 2030 年道路运输能源消费量增长至 4.9 亿吨标准煤,年均增长率为 2.2%。2033 年道路运输能源需求达到峰值,约为 5.1 亿吨标准煤。随后受运输需求增速放缓和汽车能效提升等因素的影响而快速下降,2050 年和 2060 年分别降至 2.8 亿吨标准煤和 2.1 亿吨标准煤。2℃目标情景下和碳中和近零排放情景下能源需求总量和达峰时间差异不大,主要体现在达峰后下降趋势的不同。碳中和近零排放情景的能耗年均下降率比 2℃目标情景的能耗年均下降率更高,两种情景下能源消费总量的年均下降率分别为 6.5% 和 1.5%。两种情景下能源消费量情况如图 6-13 所示。

短期来看,柴油和汽油仍是消费主力,天然气在出租车和商用车中得到应用,起到了替代作用。汽油、柴油的达峰时间直接决定了道路运输能源需求的达峰时间。碳中和近零排放情景下汽油和柴油的消费峰值分别为 2.2 亿吨标准煤和 2.1 亿吨标准煤,2℃目标情景下汽油和柴油的消费峰值分别为 2.3 亿吨标准煤和 2.2 亿吨标准煤。受禁售策略的影响,碳中和近零排放情景下汽油消费量下降速度更快,2050 年降至 0.3 亿吨标准煤,2060 年降至 128.2 万吨标准煤。2℃目标情景下,天然气汽车起到了更强的替代作用,2035 年消费量达到 0.7 亿吨标准煤。

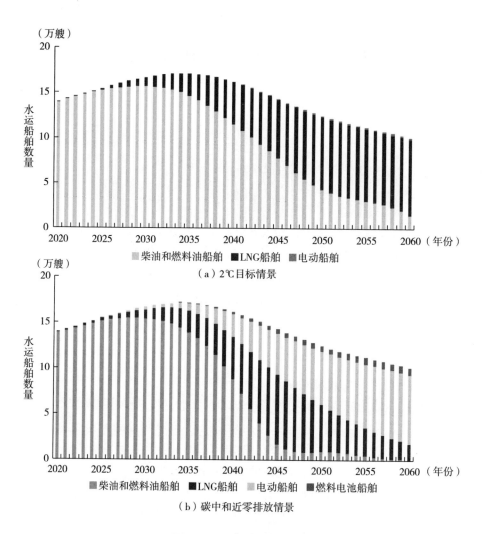

（a）2℃目标情景

（b）碳中和近零排放情景

图 6 - 12　船队保有量构成

　　长期来看，电动汽车渗透率提高将改变道路运输能源消费结构。由于采用了分阶段禁售策略，碳中和近零排放情景下的电力消费量快速增加，2050 年电力需求将达到 0.7 亿吨标准煤，2060 年将达到 0.8 亿吨标准煤。燃料电池汽车对传统重型任务汽车的替代使氢能在发展后期成为能源消费主力，碳中和近零排放情景下，2050 年氢能消费量为 1 亿吨标准煤，2060 年为 1.3 亿吨标准煤，2060 年氢能消费量将超过道路运输能源消费总量的 60%。2020~2060 年氢能消费量年均增长率为 17.4%。2℃目标情景下，燃料电池汽车渗透率较低，因此重型任务汽车仍以传统柴油车为主，2060 年氢能消费量为 0.5 亿吨标准煤，柴油消费量为

1.1 亿吨标准煤。

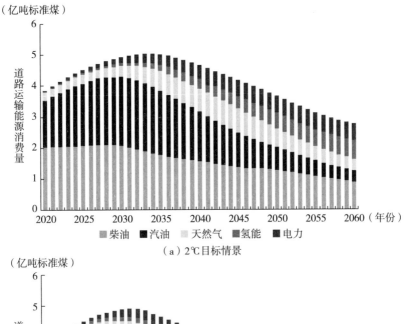

（a）2℃目标情景

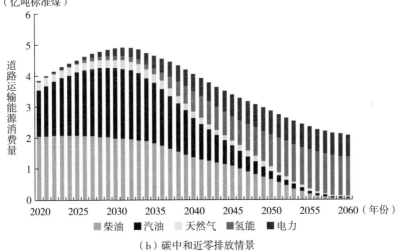

（b）碳中和近零排放情景

**图 6 - 13　道路运输能源需求及构成**

　　基准情景下道路运输碳排放下降缓慢，2032 年碳排放达到峰值，峰值为 9.7 亿吨，2060 年降至 4.3 亿吨，年均下降率为 2.9%。碳中和近零排放情景和 2℃ 目标情景下道路运输直接碳排放及构成如图 6 - 14 所示。碳中和近零排放情景下由于新能源汽车推广率更高，因而排放峰值较低，2028 年达到峰值，约为 9.2 亿吨，峰值比 2℃目标情景下低 2.1%。两种情景下 2060 年汽油和柴油排放量较之于 2020 年分别下降 98.2% 和 65.3%，2060 年道路运输碳排放将以柴油为主。碳中和近零排放情景下 2060 年道路运输碳排放降至 1823.4 万吨。

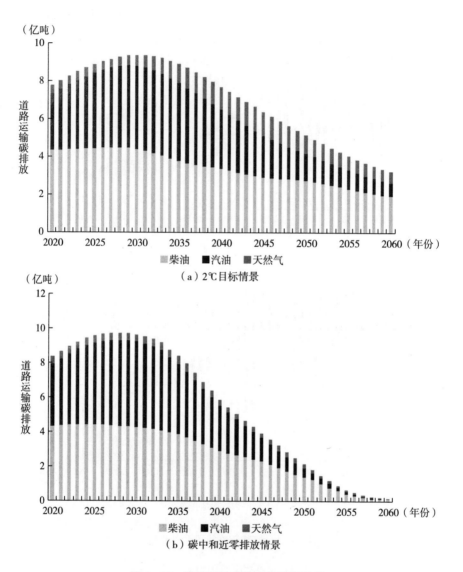

（a）2℃目标情景

（b）碳中和近零排放情景

**图 6 - 14　道路运输直接碳排放及构成**

2. 民航运输能源需求及碳排放

民航运输能源需求于 2037 年达到峰值，基准情景和 2℃目标情景下由于没有使用翻新、运行管理等措施进行配合，达峰时间比碳中和近零排放情景更晚，碳排放下降速度相对较慢。民航能源需求峰值为 4507.2 万吨标准煤。2060 年，基准情景和2℃目标情景下的碳排放分别为5541.2万吨和3995.3万吨。

由于碳中和近零排放情景在发展后期采用了氢能飞机作为替代减碳机型，氢能飞机相对传统飞机能效较低，因而在后期能源需求总量出现反弹。2060年，氢能、生物质燃料和航空煤油在总能耗中的占比分别为34%、41%和24.3%。2℃目标情景和碳中和近零排放情景下的能源需求及构成和碳排放情况分别如图6-15和图6-16所示。

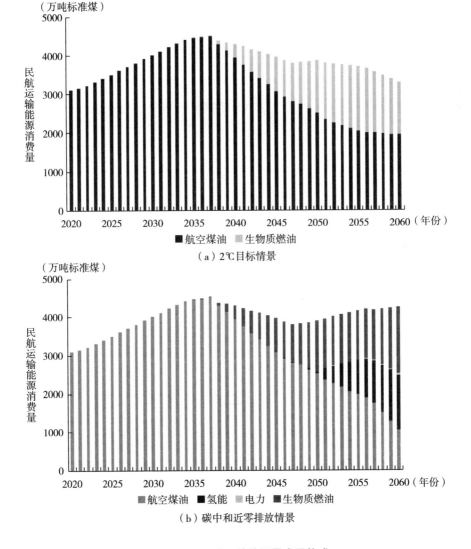

（a）2℃目标情景

（b）碳中和近零排放情景

图6-15　民航运输能源需求及构成

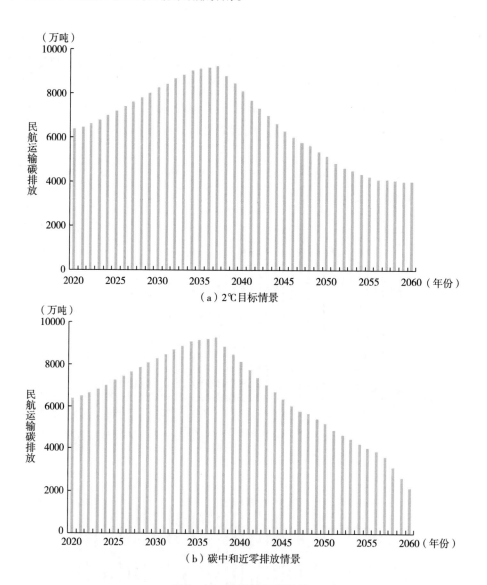

（a）2℃目标情景

（b）碳中和近零排放情景

**图 6 - 16　民航运输碳排放**

3. 铁路运输能源需求及碳排放

铁路运输能源消费量和直接碳排放情况如图 6 - 17 所示。铁路运输能耗将在 2037 年达到峰值，为 1435.2 万吨标准煤，随后长期保持稳定趋势。高速铁路的快速发展使电力消费量快速增加，高铁动车组能耗在铁路运输能耗中占比最大，2050 年和 2060 年电力消费量分别为 1332.2 万吨标准煤和 1311.9 万吨标准煤。2060 年，电力消费量在铁路运输中占比为 96.4%。由于铁路运输电气化率保持增长，铁路运输的直接碳排放呈现快速下降趋势，2020 年铁路运输碳排放已经达到峰值。受高铁普及和电气化率提高的影响，2060 年铁路运输直接碳排放较之于 2020 年下降 82.5%。铁路运输碳排放 2060 年降至 99.1 万吨。

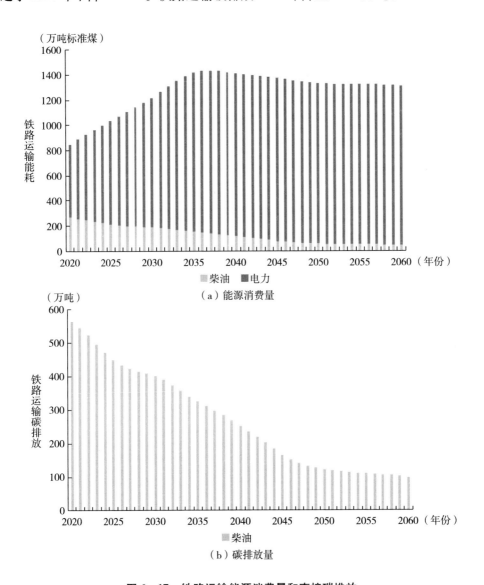

图 6-17　铁路运输能源消费量和直接碳排放

4. 水路运输能源需求及碳排放

水路运输能源需求于 2035 年前后达到峰值，短期内各情景发展趋势类似，均采用 LNG 作为过渡燃料，2035 年能源需求总量分别为 3645.8 万吨标准煤、3622.6 万吨标准煤和 3588.7 万吨标准煤。中长期来看，碳中和近零排放情景下能源需求下降更为迅速，主要是由于采用了电动船舶和氢能船舶作为船队替代选择。2050 年和 2060 年碳中和近零排放情景下能源需求总量分别为 2398 万吨标准煤和 1731 万吨标准煤，较峰值下降速度为 2.9%。2060 年电力消费量在总能源消费量中的占比将达到 44.2%。碳中和近零排放情景下的排放峰值较之于 2℃ 目标情景下的排放峰值更低，且随着氢能船舶和电动船舶的入役，碳排放下降速度更快，2060 年碳排放为 1722.4 万吨，降幅为 71.1%。减排贡献主要来自电动船舶，电动船舶和氢能船舶分别贡献 1685.2 万吨和 153.3 万吨直接 $CO_2$ 减排。2℃ 目标情景下 2060 年碳排放比 2020 年下降 27.7%，LNG 排放将达到 83.1%。2℃ 目标情景和碳中和近零排放情景下水路运输能源需求及构成和碳排放情况如图 6 –18 和图 6 –19 所示。

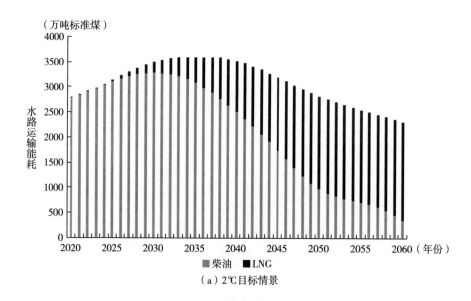

（a）2℃目标情景

图 6 –18　水路运输能源需求及构成

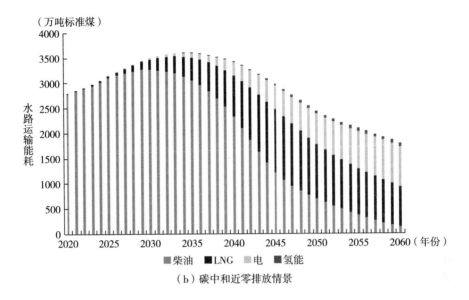

（b）碳中和近零排放情景

**图 6 - 18  水路运输能源需求及构成（续）**

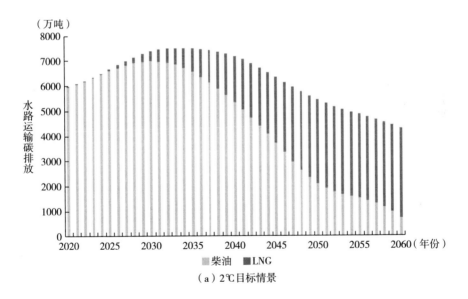

（a）2℃目标情景

**图 6 - 19  水路运输碳排放**

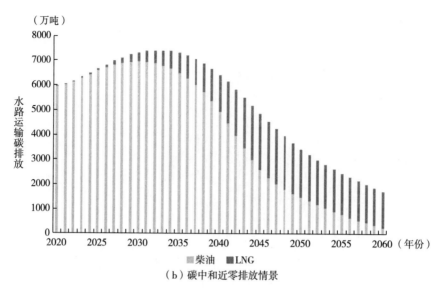

（b）碳中和近零排放情景

**图 6－19　水路运输碳排放（续）**

5. 交通部门能源需求及碳排放

　　各情景下中国交通部门能源需求均在 2030 年前后达到峰值，如图 6－20 所示。基准情景下交通部门能源消费量峰值为 6.1 亿吨标准煤，2℃目标情景和碳中和近零排放情景下的能源消费量峰值约为 5.9 亿吨标准煤。基准情景和 2℃目标情景下能源消费量达到峰值后分别下降至 2060 年的 3.8 亿吨标准煤和 3.0 亿吨标准煤，年均下降率分别为 1.5% 和 2.3%。

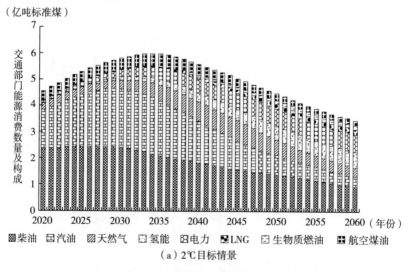

（a）2℃目标情景

**图 6－20　中国交通部门能源需求及构成**

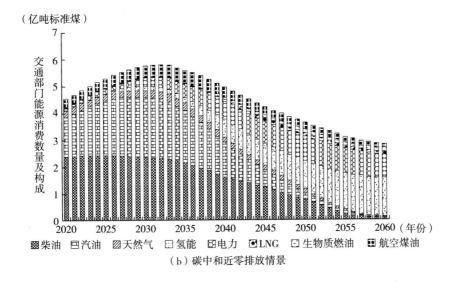

（b）碳中和近零排放情景

**图 6 - 20　中国交通部门能源需求及构成（续）**

短期内能源消费结构仍以成品油为主。成品油消费量达峰后中国交通部门能源消费量也将随之达峰，2℃目标情景下2030年汽油、柴油和航空煤油的消费量分别为2亿吨标准煤、2.1亿吨标准煤和0.5亿吨标准煤，占当年能源消费总量的80.7%。碳中和近零排放情景下，成品油消费量迅速下降，在电动汽车和燃料电池汽车应用规模扩大、航空煤油被氢能和生物质燃料替代后，汽油、柴油和航空煤油消费量在2060年分别降至1.4亿吨标准煤、0.73亿吨标准煤和0.11亿吨标准煤，达峰后的年均下降率为16.1%、11%和4.7%。

长期来看，氢能和电力将成为中国交通部门能源消费量的主要组成部分。氢能飞机、燃料电池汽车和氢能船舶的应用使氢能消费量快速增加。2℃目标情景下，2060年氢能和电力消费量在总能源消费中的占比分别为17.4%和19%。碳中和近零排放情景下，2060年氢能和电力消费量将分别达到1.4亿吨标准煤和0.9亿吨标准煤，在总能源消费量中的占比分别为50.1%和32.9%。

2035年前天然气燃料将起到过渡作用，基准情景和2℃目标情景下天然气汽车和LNG船舶对成品油消费量起到了一定的替代作用。两种情景下，2035年天然气消费量在总能源消费量中的占比分别为9.1%和5.2%，随后逐渐下降。2035年，液化天然气分别替代了10.1%和10.3%的水路运输柴油消费量，天然气替代了11.7%和14.6%的道路运输成品油消费量。

各情景下中国交通部门碳排放如图6-21所示。2060年，基准情景和2℃目标情景下碳排放分别为5.7亿吨和4.3亿吨。碳中和近零排放情景下直接排放达峰时间为 2029 年，峰值约为 11.3 亿吨。达峰后逐渐下降至 2060 年的 0.6 亿吨，降幅为 94.6%。直接碳排放减少主要来自燃料电池汽车、电动汽车、氢能飞机和生物质燃料的应用。

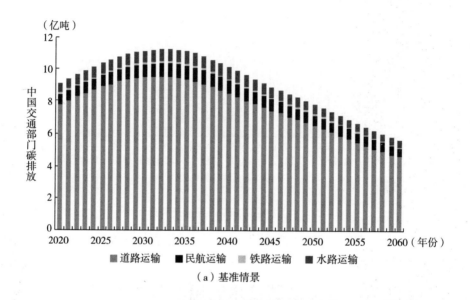

（a）基准情景

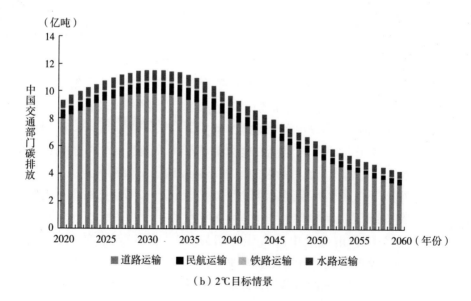

（b）2℃目标情景

图 6-21　中国交通部门直接碳排放

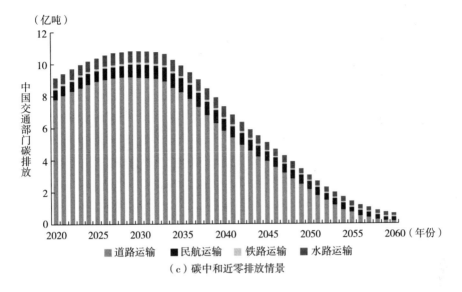

（c）碳中和近零排放情景

**图 6 - 21   中国交通部门直接碳排放（续）**

# 第四节   各类低碳技术的温室气体减排贡献

与基准情景相比，2℃目标情景和碳中和近零排放情景下主要依靠以下低碳技术和措施实现交通部门深度减排：①提升道路运输中电动汽车和燃料电池汽车的市场渗透率；②城间客运运输结构向高铁转移；③民航运输的替代燃料作用（氢能飞机和电动飞机）；④民航客机的翻新技术和管理技术；⑤水路运输中替代燃料的作用（氢能船舶和电动船舶）。

由于各运输方式之间作用为相加求和关系且各自的技术路线占比不存在相互影响，因此可对各运输方式下替代燃料技术的减排效果进行计算。各类技术在交通部门减排中的贡献如图 6 - 22 所示。图中曲线的上限为基准情景的碳排放。尽管民航运输和水路运输在 2060 年的排放占比较高，但中国交通部门的减排贡献仍然主要来自道路运输。其中，2050 ~ 2060 年 FCVs 和 EVs 的减排贡献占比保持在 85% 左右。民航运输的各类技术的减排贡献占比约为 7.6%。因此，从基准情景和碳中和近零排放情景的 $CO_2$ 排放对比可以看出，中国交通部门仍须以重点关注道路运输、其他运输方式辅助的低碳发展思路为指引，加大燃料电池汽车和电动汽车的推广力度，同时关注民航和水路运输的低碳技术的规模化应用。

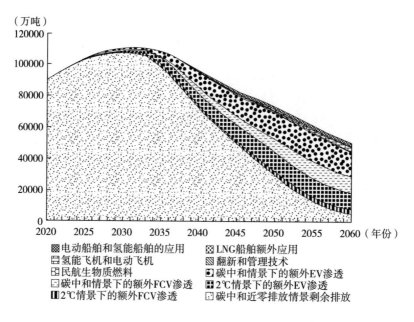

（万吨）

图 6 - 22　中国交通部门直接碳排放及各类技术的减排贡献

图例：
- 电动船舶和氢能船舶的应用
- LNG船舶额外应用
- 氢能飞机和电动飞机
- 翻新和管理技术
- 民航生物质燃料
- 碳中和情景下的额外EV渗透
- 碳中和情景下的额外FCV渗透
- 2℃情景下的额外EV渗透
- 2℃情景下的额外FCV渗透
- 碳中和近零排放情景剩余排放

# 第五节　本章小结

本章基于开发的中国交通部门能耗和碳排放测算模型，结合未来经济发展和人口规模等参数，尝试提出中国交通部门实现碳中和近零排放目标的可行行动方案，基于历史数据和未来低碳技术的渗透率，测算未来中国交通部门的交通工具保有量构成和能耗、碳排放情况。研究的主要结论如下：

（1）中国交通部门交通工具保有量将保持快速增长，因此应更加重视交通工具总量控制和结构调整。车队保有量将在 2050 年前饱和，2060 年稳定在 5.4 亿辆，其中乘用车占比超过 92%。机队保有量将在 2060 年达到 7927 架，为 2020 年的 2.3 倍。船队数量将在 2060 年达到 10.1 万艘。铁路机车将以电力机车和高铁动车组为主，2060 年高铁动车组数量将比 2020 年增加 1.6 倍。

（2）交通部门为实现近零排放须重点发展氢能和电动交通工具。碳中和近零排放目标情景下，燃料电池汽车保有量将在 2060 年达到 1000 万辆。中重型货车和客机是交通部门脱碳难度最大的两种交通工具，氢能交通工具将有助于降低这两类交通工具的碳排放。电动汽车、电动船舶将扮演重要角色，2060 年电力消费量将达到 9185.4 万吨标准煤。

（3）为实现近零排放，交通部门碳排放应实现 2030 年前尽早达峰。碳中和近零排放目标情景下，中国交通部门能耗将在 2028 年达到峰值，碳排放将在 2029 年达到峰值，碳排放峰值约为 11.3 亿吨。2060 年碳排放较之于峰值将下降 94.9%。

# 第七章　研究结论及政策建议

## 第一节　研究结论

1. 电动汽车经济性因素成为电动汽车市场发展的重要影响因素，分析和判断未来新能源汽车总拥有成本趋势具有实际意义

（1）5 年持有期情景下，BEV 微小型车（A00 级及 A0 级别）TCO 在 2025 年前达到平价，2030 年前 A 级和 B 级 SUV 可以达到平价和近似平价，其余车型在 2030 年前无法达到平价。若考虑替代电池成本的影响，10 年持有期情景下微小型车平价时间有所提前，而中大型车平价时间略有延后。BEV 的替代交通成本影响程度较小，而使用成本优势突出。其中，A00 和 A0 级车与 A 级和 B 级车相比总拥有成本优势明显。

（2）油价、电价和折现率等参数对 BEV 平价时间具有影响，其中油价对平价时间的影响最大，购置税减免和限购政策对 EV 的平价时间产生了积极的作用。

2. 大力发展高速铁路对民航运输有明显替代作用，高铁建设规划将进一步兑现其中短距离运输的竞争优势，协助民航运输深度脱碳

（1）从四纵四横线路运行情况来看，高铁引入对民航运输量的影响显著为负，整体来看，高铁引入将使对应城市间民航客运航班数量和运输人数减少 28.7% 和 31.8%。高铁引入对航班次数的影响要低于对运输人数的影响，说明在面对高铁引入的竞争时航空公司不倾向于采用提高飞行频次的方法来与高铁竞争。因此，引入高铁对民航航班进行替代将有助于降低民航运输需求，从而助力脱碳。

（2）在高铁与民航竞争市场中，高铁竞争力受运行时间的影响，且高铁替代效果随其运行时间增加而显著减弱。高铁运行时间在 4 小时范围内时其竞争力

最强，可对竞争的民航线路造成毁灭性打击，民航客运航班数量和运输人数因此减少了74.2%和82.5%，部分线路因为高铁引入而直接关停。随着运行时间增加了高铁的影响逐渐减弱，超过8小时运行时间的高铁线路对民航的影响趋于不显著。

（3）高铁和民航运输各自的竞争优势区间存在差异，中短距离运输中高铁更具优势。高铁自身竞争优势明显的区域为6小时以内，对应于约1400公里以内的区域。1400公里以内的民航客运受高铁影响极为显著。

（4）高铁规划将显著减轻民航运输的深度脱碳压力。八纵八横通道规划开通后将比四纵四横线路额外覆盖69个国内机场，将对额外834条航线造成影响。若按照运行时间范围对高铁的影响进行划分，八纵八横线路将使中国高铁线路对现有民航航班班次的替代率提高8.8%。若考虑沿江通道和沿海通道提速产生的影响，高铁线路的替代率将进一步提高0.7%。50万人口城市高铁通达后，中国高铁线路将几乎覆盖中国所有机场，高速铁路可能进一步替代26.2%的现有国内航班。

（5）高铁建设仍应以经济发达地区和东部沿海城市优先。一方面，GDP对民航客运活动水平有显著的正向影响，在民航客运密集的区域修建高铁有利于提升高铁网络的替代效应。另一方面，连接东西部和中西部的高铁线路的影响程度显著低于全国平均水平，在经济欠发达地区兴建高铁的经济性不够理想。连接中西部和东西部的高铁线路影响程度较小的原因主要是核心连接通道建设过早、时速较低且中西部高铁线路没有形成网络。

3. 综合采用翻新技术、管理技术、自身能效提升和替代燃料技术将使民航运输低碳发展路径最优，短期内发挥生物质燃料的即用性优势，中长期借助氢能的减排潜力与高铁的发展和普及相配合，降低减排成本

（1）在各类低碳技术的综合运用下民航运输的发展路径最优。在翻新技术、运行管理技术、替代燃料技术、自身能效进步综合应用的情形下，民航运输实现近零排放目标的成本相对仅采用生物质燃料的情况将减少10.9%。最优发展路径下氢能飞机将在2046年投入商用。2060年机队将以燃料电池飞机和下一代际客机为主，当前代际机型、氢能飞机和下一代际机型在机队中占比分别为10.5%、38.5%和51.0%，上一代际机型完全退出服役。2060年生物质燃料和氢能的减排贡献将分别占30.5%和34.4%。受电池续航影响，电动飞机尚不具备广泛应用的条件，减排贡献占比较小。

（2）若出现颠覆性机身和动力技术，机队减排成本将进一步降低，且将削

弱民航运输对替代燃料的需求。窄体客机机队中氢能飞机的引入时间推迟至2051年前后，且购买量大幅度减少，表明传统飞机自身的进步是最为经济的减碳措施。颠覆性技术投入商用情景下机队整体减排成本最低，为每吨二氧化碳83.9美元。

（3）高铁引入将助力民航脱碳，减轻民航引入替代燃料的压力。高铁替代情景下，生物质燃料和氢能飞机的引入时间都向后推迟到2037年和2046年。需求减少使采用机队替代的策略不再经济有效。高铁引入减轻了民航减碳对替代燃料技术的依赖，2060年氢能飞机在总减排中的贡献降至27.8%。

（4）氢价走势将显著影响民航运输减排成本。氢价直接决定氢能飞机的经济性，若氢价能在2060年降低至每千克7元人民币和5元人民币，氢能飞机机队规模将在2060年分别增加1.6倍和1.8倍，机队整体减排成本将因此下降0.5%和0.8%。

（5）氢能飞机入役时间的推迟将延缓兑现氢能飞机在民航运输发展后期的经济性优势，同时可能造成发展后期每年新购氢能飞机数量增加，氢能飞机入役更密集增大了机队替代压力。若2050年实现氢能飞机入役，机队整体减排成本将比2040年入役增加2.3%。

4. 优化运输结构、综合应用低碳技术和替代燃料技术能够助力交通部门实现近零排放，交通部门碳排放应力争在2030年前实现达峰

（1）交通工具保有量的快速增长使交通工具的总量控制和结构调整更显关键。车队保有量将在2050年前饱和，2060年稳定在5.4亿辆，其中乘用车占比将超过92%。机队保有量将在2060年达到7927架，为2020年的2.3倍。船队数量将在2060年达到10.1万艘。铁路机车将以电力机车和高铁动车组为主，2060年高铁动车组数量将比2020年增加1.6倍。

（2）氢能和电动交通工具将成为交通部门实现近零排放的关键低碳技术。碳中和近零排放目标情景下，2060年燃料电池汽车保有量将超过1000万辆，氢能将成为中重型货车主力燃料技术路线。电动汽车、电动船舶将扮演重要角色，2060年电力消费量将达到9185.4万吨标准煤。

（3）为实现近零排放，中国交通部门应力争在2030年前实现碳达峰。碳中和近零排放目标情景下，中国交通部门能源消费量和碳排放分别在2028年和2029年达到峰值，能源消费量的峰值约为5.9亿吨标准煤，碳排放峰值约为11.3亿吨。2060年碳排放较之于峰值将下降95%左右。

# 第二节　政策建议

1. 完善相关激励政策，加快电动汽车扩大市场占比

积极应对国际油价频繁变动对电动汽车市场带来的影响，大力推出相关激励政策，保障我国汽车市场向电动化转型的平稳过渡。在补贴退坡之后，购置税减免政策可以直接作用于购置环节，延长购置税减免政策可以为电动汽车争取技术进步和制造成本降低的时间。

2. 加快建设高速铁路，促进城间运输结构转移

争取 2030 年前实现八纵八横通道铁路全面通达，2035 年前实现 50 万人口以上城市高铁通达。铁路运输城间客运结构向高铁转移，实现对民航运输 20% 的活动水平的替代。高铁建设以集群性、已具备高铁网络特征和经济发达的地区优先。

3. 综合应用多种低碳技术，助力民航运输深度脱碳

加快发展高速铁路，促进民航运输向更具优势的运输区间转移，同时，民航运输应采取翻新技术、运行管理技术、替代燃料技术和代际能效提升等措施促进民航深度脱碳。短期内，注重翻新技术和管理技术应用，中期逐步提高生物质燃料应用规模，长期来看发挥氢价降低后氢能飞机的经济性优势。

4. 优化客货运结构、应用低碳发展技术、提高替代燃料交通工具渗透率，实现交通部门近零排放目标

促进公转铁和公转水的货运结构转移，城市出行向公共出行方式转移。同时，加快电动汽车、燃料电池汽车、氢能飞机、电动船舶和氢能船舶等替代燃料交通工具的渗透速度，并进一步严格交通工具能效标准。

# 参考文献

［1］安锋，毛世越，秦兰芝，Maya Ben. 中国乘用车实际道路行驶与油耗分析年度报告［R］. 北京：能源与交通创新中心，2018.

［2］Bullock Richard，Sakzberg Andrew，金鹰. 把脉中国高铁发展计划：高铁运行头三年［R］. 世界银行驻华代表处，2013.

［3］北京交通大学中国综合交通研究中心. 不同交通方式能耗与排放因子及其可比性研究［R］. 2009.

［4］北京市小客车指标调控管理办公室. 关于2020年第6期小客车指标申请审核结果和配置工作有关事项的通告［EB/OL］.［2020 – 04 – 24］. https：//xkczb. jtw. beijing. gov. cn/jggb/20201225/1608855799189_ 1. html.

［5］财政部. 关于完善新能源汽车推广应用财政补贴政策的通知［EB/OL］.［2021 – 09 – 08］. http：//jjs. mof. gov. cn/zhengcefagui/202004/t20200423_ 3502975. htm.

［6］财政部工业和信息化部，科技部，国家发展改革委. 关于进一步完善新能源汽车推广应用财政补贴政策的通知［EB/OL］.［2020 – 04 – 24］. http：//www. gov. cn/xinwen/2019 – 03/27/content_ 5377123. htm.

［7］财政部，科技部，工业和信息化部，等. 关于2016 – 2020年新能源汽车推广应用财政支持政策的通知［EB/OL］.［2020 – 04 – 24］. http：//www. miit. gov. cn/n1146285/n1146352/n3054355/n3057585/n3057589/c3617158/co ntent. html.

［8］蔡博峰，曹东，刘兰翠，等. 中国交通二氧化碳排放研究［J］. 气候变化研究进展，2011，7 (3)：197 – 203.

［9］陈建华，刘学勇，秦芬芬. CGE模型在交通运输行业的引入研究［J］. 北京交通大学学报（社会科学版），2013，12 (3)：31 – 36.

［10］崔力心. 高速铁路与其他交通方式节能减排比较研究［D］. 北京交通大学硕士学位论文，2010.

［11］邓旭，谢俊，滕飞．何谓"碳中和"？［J］．气候变化研究进展，2021，17（1）：107－113.

［12］邓羽，刘盛和，蔡建明，等．中国省际人口空间格局演化的分析方法与实证［J］．地理学报，2014，69（10）：1473－1486.

［13］丁金学，金凤君，王姣娥，等．高铁与民航的竞争博弈及其空间效应——以京沪高铁为例［J］．经济地理，2013，33（5）：104－110.

［14］董文超．中国交通运输部门碳排放与节能减排潜力研究［D］．北京大学硕士学位论文，2014.

［15］飞常准大数据．飞常准大数据平台［EB/OL］．［2019－10－02］．https：//data. variflight. com/.

［16］费文鹏，熊羚利，欧阳斌，等．中国民航飞机大气污染物排放测算及预测分析［J］．交通运输系统工程与信息，2020，20（2）：33－40.

［17］冯相昭，赵梦雪，王敏，等．中国交通部门污染物与温室气体协同控制模拟研究［J］．气候变化研究进展，2021，17（3）：279－288.

［18］凤振华，王雪成，张海颖，等．低碳视角下绿色交通发展路径与政策研究［J］．交通运输研究，2019，5（4）：37－45.

［19］傅志寰，孙永福，翁孟勇，等．交通强国战略研究［M］．北京：人民交通出版社，2019.

［20］工业和信息化部．关于修改《乘用车企业平均燃料消耗量与新能源汽车积分并行管理办法》的决定（征求意见稿）［EB/OL］．［2020－04－24］．http：//www. miit. gov. cn/n1146285/n1146352/n3054355/n3057254/n3057260/c7408130/ content. html.

［21］工业和信息化部．关于2016年度新能源汽车推广应用第二批补助资金补充清算申请材料初步审核情况的公示［EB/OL］．［2020－04－24］．http：//www. miit. gov. cn/n1146285/n1146352/n3054355/n3057585/n3057589/c6018152/content. html.

［22］工业和信息化部．关于2017年度新能源汽车推广应用补助资金清算审核终审情况的公示［EB/OL］．［2020－04－24］．http：//www. miit. gov. cn/n1146285/n1146352/n3054355/n3057585/n3057589/c6018152/content. html.

［23］工业和信息化部．关于2018年度推广应用新能源汽车补助资金预拨审核情况的公示［EB/OL］．［2020－04－24］．http：//www. miit. gov. cn/n1146295/n7281310/c7565484/content. html.

［24］广州产权交易所. 广州市中小客车指标竞价情况表［EB/OL］.［2020 -
04 - 24］. http：//www. gzqcjj. com/article/gonggao/202001/20200100000876. shtml.

［25］郭春江. 高速铁路与民航客运量分担博弈模型研究［D］. 北京交通
大学硕士学位论文，2010.

［26］郭亚军，高超，肖虹，等. 盒式机翼布局气动特性研究［J］. 航空计
算技术，2012，42（2）：39 - 41.

［27］国家标准化管理委员会. 第五阶段乘用车燃料消耗量指标［EB/OL］.
［2020 - 04 - 24］. http：//www. catarc. org. cn/work/detail/1718. html.

［28］国家税务总局. 《中华人民共和国车辆购置税法》［EB/OL］.［2020 -
04 - 24］. http：//www. chinatax. gov. cn/chinatax/n810219/n810744/n4016641/n4
016681/c4459250/ content. html.

［29］国家税务总局. 关于免征新能源汽车车辆购置税的公告［EB/OL］.
［2020 - 04 - 24］. http：//www. chinatax. gov. cn/chinatax/n810214/n810641/n298
5871/n2985888/n2985983/c2997022/content. html.

［30］国家统计局. 2020 中国统计年鉴［M］. 北京：中国统计出版社，
2020.

［31］国家统计局. 国家数据［EB/OL］.［2019 - 10 - 03］. https：//data.
stats. gov. cn/.

［32］国家统计局城市社会经济调查司. 中国城市统计年鉴 2019［M］. 北
京：中国统计出版社，2020.

［33］国务院. 关于完善新能源汽车推广应用财政补贴政策的通知［EB/
OL］.［2020 - 04 - 24］. http：//www. gov. cn/zhengce/zhengceku/2020 - 04/23/
content_ 5505502. htm.

［34］韩博，孔魏凯，姚婷玮，等. 京津冀机场群飞机 LTO 大气污染物排放清
单［J］. 环境科学，2020，41（3）：1143 - 1150.

［35］杭州市小客车总量调控管理办公室. 关于 2020 年一次性增加小客车指
标的配置公告［EB/OL］.［2020 - 04 - 24］. https：//hzxkctk. cn/tzgg/2020325/
1585115242004_ 1. html.

［36］何吉成. 50 多年来中国民航飞机能耗的生态足迹变化［J］. 生态科
学，2016，35（1）：189 - 193.

［37］何韬. 我国高速铁路与民航运输竞争关系研究［D］. 北京交通大学
硕士学位论文，2012.

［38］侯文涛．大型机场推出率优化技术研究［D］．中国民航大学硕士学位论文，2014．

［39］胡广平．中国交通中长期能源消费与碳排放模型研究与应用［D］．清华大学博士学位论文，2012．

［40］贾顺平，毛宝华，刘爽，等．中国交通运输能源消耗水平测算与分析［J］．交通运输系统工程与信息，2010，10（1）：22－27．

［41］姜克隽，陈迎．中国气候与生态环境演变：2021［R］．2020．

［42］姜松岳．繁忙机场航班推出时间优化方法研究［D］．中国民航大学硕士学位论文，2019．

［43］交通与发展政策研究所．中国城市公共领域燃油汽车退出时间表［R］．2020．

［44］交通运输部科学规划院．中国交通部门低碳排放战略与途径研究［R］．2019．

［45］瞿也丰．机场地面拥挤分析及控制研究［D］．中国民航大学硕士学位论文，2017．

［46］柯文伟．电动汽车对中国典型区域的空气质量和人体健康影响研究［D］．清华大学硕士学位论文，2017．

［47］李开伟．飞机地面滑行系统性能研究［D］．中国民航大学硕士学位论文，2018．

［48］刘斐齐．中国车用能源需求及碳排放预测研究［D］．清华大学博士学位论文，2021．

［49］刘婧．基于飞行数据分析的飞机燃油估计模型［D］．南京航空航天大学硕士学位论文，2010．

［50］刘俊伶，孙一赫，王克，等．中国交通部门中长期低碳发展路径研究［J］．气候变化研究进展，2018，14（5）：513－521．

［51］刘璐．我国高速铁路对民航客运的影响研究［D］．北京交通大学硕士学位论文，2018．

［52］刘青．基于博弈视角下的民航业与高铁产业竞合关系研究［D］．昆明理工大学硕士学位论文，2018．

［53］刘思涵，张明，李慧盈．考虑环境限制的飞机滑行油耗和排放评估方法［J］．航空计算技术，2020，50（5）：71－75．

［54］刘文质．生物质气化费托合成生产航空煤油的生命周期评价及经济性

分析 [D]. 华中科技大学硕士学位论文, 2018.

[55] 刘艺. 高速铁路对民航运营的影响分析与实证研究 [D]. 上海交通大学硕士学位论文, 2013.

[56] 吕小平. 空管新技术发展及我国对策 [J]. 中国民用航空, 2008 (9): 11-14.

[57] 骆嘉琪, 匡海波, 杨月, 等. 基于旅客出行视角的高铁民航竞争因素分析 [J]. 管理评论, 2018, 30 (11): 209-222.

[58] 马金侠. 电动汽车充电行为对城市电力供需和污染物排放影响分析 [D]. 清华大学硕士学位论文, 2018.

[59] 马玉敏, 魏剑龙. 融合式翼梢小翼减阻效应研究 [J]. 航空工程进展, 2018, 9 (2): 245-251.

[60] 马跃强. 高速铁路对航空客运的影响——基于京沪线的分析 [D]. 对外经济贸易大学硕士学位论文, 2020.

[61] 欧训民, 袁志逸, 欧阳斌, 等. 中国交通部门终端能源消费和 $CO_2$ 排放 [R]. 2020.

[62] 彭天铎. 中国电动汽车能耗、GHG 排放和关键金属资源需求分析 [D]. 清华大学博士学位论文, 2019.

[63] 清华大学气候变化与可持续发展研究院. 中国实现碳中和的减排路径、技术经济分析与政策支撑 [R]. 2021.

[64] 上海市交通委员会. 2020 年个人非营业性客车额度投标拍卖结果 [EB/OL]. [2021-09-09]. http://www.alltobid.com/contents/16/6616.html.

[65] 世纪经济报道. 上海放宽汽车限购: 今年增加 4 万个沪牌指标 [EB/OL]. [2020-04-24]. https://baijiahao.baidu.com/s?id=1664751926254131148&wfr=spider&for=pc.

[66] 孙宏, 黄赶祥, 王晓东. 一种民用客机航线平均油耗评估模型 [J]. 工业工程, 2014, 17 (5): 41-45.

[67] 孙敏. 氢能飞机离我们还有多远 [J]. 航空制造, 2020 (9): 45-49.

[68] 谭璟, 时瑞军, 孙占恒. 桨扇发动机研制与发展 [J]. 内燃机与配件, 2019, 3: 44-45.

[69] 王焯. 基于博弈论的高速铁路与航空货运定价机制研究 [D]. 西南交通大学硕士学位论文, 2019.

[70] 王刚, 张彬乾, 张明辉, 等. 翼身融合民机总体气动技术研究进展与

展望［J］．航空学报，2019，40（9）：7－35．

［71］王海林，何建坤．交通部门 $CO_2$ 排放、能源消费和交通服务量达峰规律研究［J］．中国人口·资源与环境，2018，28（2）：59－65．

［72］王海林．中国低碳交通转型机制与政策的模型仿真［D］．清华大学博士学位论文，2016．

［73］王欢．《巴黎协定》下全球能源系统转型及协同效应研究［D］．清华大学博士学位论文，2020．

［74］王开泳，丁俊，王甫园．全面二孩政策对中国人口结构及区域人口空间格局的影响［J］．地理科学进展，2016，35（11）：1305－1316．

［75］王庆一．2020 能源数据［M］．北京：绿色发展创新中心，2021．

［76］王睿明．基于博弈论的民航与高铁市场竞争策略研究［D］．南京航空航天大学硕士学位论文，2013．

［77］王彤．中国 $CO_2$ 和大气污染物协同减排研究［D］．清华大学硕士学位论文，2019．

［78］王艳军，胡明华，苏炜．基于冲突回避的动态滑行路径算法［J］．西南交通大学学报，2009，44（6）：933－939．

［79］吴佳．原油价格波动影响宏观经济的汇率传导机制研究［D］．复旦大学硕士学位论文，2011．

［80］吴羽．中国轻型车空气污染物与二氧化碳排放协同控制研究［D］．清华大学硕士学位论文，2015．

［81］吴玉婷，王晓荣，何晓蓉．基于 LEAP 模型的北京市交通能耗及环境污染排放预测［J］．河北建筑工程学院学报，2018，36（4）：85－110．

［82］武斌．高速铁路与民航运输的竞争研究［D］．西南交通大学硕士学位论文，2013．

［83］席帅．生物质制备航空煤油技术分析［J］．江西化工，2019（5）：116．

［84］项目综合报告编写组．《中国长期低碳发展战略与转型路径研究》综合报告［J］．中国人口·资源与环境，2020，30（11）：1－25．

［85］晓诚．融合式翼梢小翼：节油良方［J］．国际航空，2008，9：31－32．

［86］薛露露，靳雅娜，禹如杰，等．中国道路交通2050年"净零"排放路径研究［R］．世界资源研究所，2017．

［87］杨帆．中国铁路运输业能耗及碳排放预测分析［D］．清华大学硕士

学位论文，2015.

　　［88］杨双双，朱华庆．航空器推出决策的优化研究［J］．武汉理工大学学报（交通科学与工程版），2014，38（1）：227－231.

　　［89］袁志逸，李振宇，康利平，等．中国交通部门低碳排放措施和路径研究综述［J］．气候变化研究进展，2021，17（1）：27－35.

　　［90］张宏钧．新常态下中国低碳发展路径模拟分析体系构建与应用［D］．清华大学博士学位论文，2017.

　　［91］张恪易．中国高铁网络对民航客运影响：基于全量数据的分析［D］．清华大学硕士学位论文，2019.

　　［92］张茜．中国电动汽车市场渗透率与能耗碳排放分析模型开发与应用［D］．清华大学博士学位论文，2018.

　　［93］张威，李开伟，王伟，等．飞机电动机轮设计及电动滑行系统仿真研究［J］．中国机械工程，2018，29（13）：1547－1552.

　　［94］张旭，栾维新，蔡权德．高速铁路与航空运输竞争研究［J］．大连理工大学学报（社会科学版），2011，32（1）：42－46.

　　［95］张旭．中国分区综合评估模型（REACH）开发与应用［D］．清华大学博士学位论文，2016.

　　［96］赵荃．斜拉翼飞机综合性能研究［D］．南京航空航天大学硕士学位论文，2007.

　　［97］赵嶷飞，侯文涛，岳仁田．基于推出率控制的机场拥挤管理策略研究［J］．科学技术与工程，2014，14（5）：309－313.

　　［98］浙江省统计局．2020 年浙江统计年鉴［M］．北京：中国统计出版社，2021.

　　［99］郑明贵，李期．中国2020—2030 年石油资源需求情景预测［J］．地球科学进展，2020，35（3）：286－296.

　　［100］中国电动汽车百人会．中国汽车全面电动化时间表的综合评估及推进建议［R］．2020.

　　［101］中国电动汽车百人会．中国氢能产业发展报告 2020［R］．2020.

　　［102］中国国家铁路集团有限公司．新时代交通强国铁路先行规划纲要［EB/OL］．［2021－01－03］．http：//fzggw.zj.gov.cn/art/2020/8/18/art＿1620995＿54544557.

　　［103］中国航空网．赛峰起落架携手中航材能源推广飞机电动滑行系统［EB/

OL］．［2018 - 09 - 01］．http：//www.cannews.com.cn/2017/0711/165296.shtml.

［104］中国民用航空局．2019 年民航行业发展统计公报［R］．2020.

［105］中国民用航空局．民航节能减排"十三五"规划［EB/OL］．［2021 - 02 - 16］．http：//www.caac.gov.cn/XXGK/XXGK/FZGH/201704/P020170405613883028466.pdf.

［106］中国民用航空局．民航局关于印发新时代民航强国建设行动纲要的通知［EB/OL］．http：//www.caac.gov.cn/XXGK/XXGK/ZFGW/201812/t20181212_193447.html.

［107］中国民用航空局发展计划司．从统计看民航 2018［M］．北京：中国民航出版社，2019.

［108］中国汽车工程学会．节能与新能源汽车技术路线图 2.0［M］．北京：机械工业出版社，2021.

［109］中国汽车工业协会．2020 年汽车工业经济运行情况［EB/OL］．https：//new.qq.com/omn/20210113/20210113A07S9P00.html.

［110］中国汽车技术研究中心．中国新能源汽车产业发展报告（2020）［M］．北京：社会科学文献出版社，2020.

［111］中国氢能联盟．中国氢能及燃料电池产业手册［R］．2020.

［112］中国铁路．中国铁路 12306［EB/OL］．［2016 - 02 - 01］．https：//www.12306.cn/index/.

［113］中国铁路总公司档案史志中心．中国铁道年鉴［M］．北京：中国铁道出版社，2018.

［114］中国铁路总公司运输局．全国铁路列车时刻表 2016［M］．北京：中国铁道出版社，2017.

［115］中国银行保险监督管理委员会．关于 2018 年机动车交通事故责任强制保险业务情况的公告［R］．2019.

［116］中华人民共和国工业和信息化部．中国制造 2025［EB/OL］．［2019 - 02 - 08］．https：//www.miit.gov.cn/ztzl/lszt/zgzz2025/index.html.

［117］中华人民共和国国家发展和改革委员会．中长期铁路网规划（2008 年调整）［EB/OL］．［2019 - 08 - 07］．https：//www.ndrc.gov.cn/fggz/zcssfz/zcgh/200906/W020190910670447076716.pdf.

［118］中华人民共和国国家发展和改革委员会．中长期铁路网规划［EB/OL］．［2019 - 09 - 10］．http：//www.gov.cn/xinwen/2016 - 07/20/5093165/

files/1ebe946db2aa47248b799a1deed88144. pdf.

［119］中华人民共和国交通运输部 . 2020 年交通运输行业发展统计公报 ［EB/OL］. ［2021 - 01 - 04］. https：//xxgk. mot. gov. cn/2020/jigou/zhghs/202 105/t20210517_ 3593412. html.

［120］中华人民共和国生态环境部 . 中国机动车环境管理年报［R］. 2018.

［121］中金公司 . 绿色交通 ［R］. 2021.

［122］周新军 . 高速铁路行车低碳环保效应分析 ［J］. 电力与能源，2013，34 （3）：212 - 216.

［123］左战杰 . 中运距（500 ~ 800Km）交通走廊高铁与民航竞争关系研究 ［D］. 长安大学硕士学位论文，2019.

［124］Adler N, Pels E, Nash C. High - speed Rail and Air Transport Competition：Game Engineering as Tool for Cost - benefit Analysis ［J］. Transportation Research Part B：Methodological, 2010, 44 （7）：812 - 833.

［125］Ahluwalia R K, Cetinbas C F, Peng J K, et al. Total Cost of Ownership （TCO）Analysis of Hydrogen Fuel Cells in Aviation Preliminary Results ［R］. Argonne National Laboratory, 2020.

［126］Airbus. A320neo Unbeatable Fuel Efficiency ［EB/OL］. ［2018 - 10 - 09］. https：//www. airbus. com/aircraft/passenger - aircraft/a320 - family/a320neo. html.

［127］Airbus. AirAsia to Become First Airbus A320 "Sharklets" operator ［EB/OL］. ［2018 - 09 - 02］. https：//www. airbus. com/newsroom/press - releases/en/2012/09/airasia - to - become - first - airbus - a320 - sharklets - operator. html.

［128］Airbus. Airbus 2018 - 2037 Market Forecast ［R］. 2019.

［129］Airbus. Airbus Passenger Aircraft Family ［EB/OL］. ［2018 - 07 - 06］. https：//www. airbus. com/aircraft/passenger - aircraft/a220 - family. html.

［130］Airbus. Electric Flight Laying the Groundwork for Zero - emission Aviation ［EB/OL］. ［2019 - 02 - 06］. https：//www. airbus. com/innovation/zero - emission/electric - flight. html.

［131］Airbus. EU Hydrogen Strategy Fostering a Net - zero - emission Aviation Ecosystem in Europe ［EB/OL］. ［2019 - 06 - 07］. https：//www. airbus. com/public - affairs/brussels/our - topics/in - the - spotlight/eu - hydrogen - strategy. html.

［132］Airbus. Hydrogen An Energy Carrier to Fuel the Climate - neutral Aviation of Tomorrow ［R］. 2021.

［133］ Al – Alawi B M, Bradley T H. Total Cost of Ownership, Payback, and Consumer Preference Modeling of Plug – in Hybrid Electric Vehicles ［J］. Applied Energy, 2013, 103: 488 – 506.

［134］ Amy C, Kunycky A. Hydrogen as a Renewable Energy Carrier for Commercial Aircraft, 1 ［R］. 2019.

［135］ ASssociation I A T. Aircraft Technology Roadmap to 2050 ［R］. Montreal, Canada: 2013.

［136］ Aviation E. Fuel Calculator ［EB/OL］. ［2019 – 01 – 09］. https: // www. elliottaviation. com/fbo – services/fuel – calculator/.

［137］ Balakrishnan H, Chandran B. Scheduling Aircraft Landings Under Constrained Position Shifting: AIAA ［C］. Colorado, 2006.

［138］ Bank T W. Air Transport and Energy Efficiency ［R］. 2012.

［139］ Baroutaji A, Wilberforce T, Ramadan M, et al. Comprehensive Investigation on Hydrogen and Fuel Cell Technology in the Aviation and Aerospace Sectors ［J］. Renewable & sustainable energy reviews, 2019, 106: 31 – 40.

［140］ Behrens C, Pels E. Intermodal Competition in the London – Paris Passenger Market: High – Speed Rail and Air Transport ［J］. Journal of Urban Economics, 2012, 71 (3): 278 – 288.

［141］ Bicer Y, Dincer I. Life Cycle Evaluation of Hydrogen and Other Potential Fuels for Aircrafts ［J］. International Journal of Hydrogen Energy, 2017, 42 (16): 10722 – 10738.

［142］ Biomaterials RSB Round Tables on. 航空业脱碳可持续发展之路 ［R］. 2018.

［143］ Boeing A P. Program List Prices ［EB/OL］. ［2018 – 05 – 03］. http: //www. aviationpartnersboeing. com/products_ list_ prices. php.

［144］ Boeing. About the Boeing 737 MAX ［EB/OL］. ［2018 – 09 – 02］. About the Boeing 737 MAX.

［145］ Boeing. AERO – Blended Winglets Improve Performance ［EB/OL］. ［2017 – 05 – 03］. https: //www. boeing. com/commercial/aeromagazine/articles/qtr_ 03 _ 09/article_ 03_ 1. html.

［146］ Boeing. Boeing Commercial Market Outlook 2019 – 2038 ［R］. 2019.

［147］ Boerjesson M. Forecasting Demand for High Speed Rail ［J］. Transportation Research Part A Policy & Practice, 2014, 70 (dec.): 81 – 92.

[148] Bok M D, Costa, Melo S, et al. Estimation of a Mode Choice Model for Long Distance Travel in Portugal [J]. Proceedings from Word Conference of Transport Research, 2010, 2 (5): 45 – 68.

[149] Bose R K. Energy Demand and Environmental Implications in Urban Transport—Case of Delhi [J]. Atmospheric Environment (1994), 1996, 30 (3): 403 – 412.

[150] Breetz H L, Salon D. Do Electric Vehicles Need Subsidies? Ownership Costs for Conventional, Hybrid, and Electric Vehicles in 14 U. S. Cities [J]. Energy Policy, 2018, 120: 238 – 249.

[151] Bubeck S, Tomaschek J, Fahl U. Perspectives of Electric Mobility: Total Cost of Ownership of Electric Vehicles in Germany [J]. Transport Policy, 2016, 50: 63 – 77.

[152] Bukovac S, Douglas I. The Potential Impact of High Speed Rail Development on Australian Aviation [J]. Journal of Air Transport Management, 2019, 78: 164 – 174.

[153] Burzlaff M. Aircraft Fuel Consumption—Estimation and Visualization [EB/OL]. [2019 – 08 – 07]. https://dataverse. harvard. edu/dataset. xhtml? persistentId = doi: 10. 7910/DVN/2HMEHB.

[154] Cansino J M, Román R. Energy Efficiency Improvements in Air Traffic: The Case of Airbus A320 in Spain [J]. Energy Policy, 2017, 101: 109 – 122.

[155] Carlsson F, Hammar H. Incentive – based Regulation of $CO_2$ Emissions from International Aviation [J]. Journal of Air Transport Management, 2002, 8 (6): 365 – 372.

[156] Castillo – Manzano J I, Pozo – Barajas R, Trapero J R. Measuring the Substitution Effects between High Speed Rail and Air Transport in Spain [J]. Journal of Transport Geography, 2015, 43: 59 – 65.

[157] Chai J, Lu Q, Wang S, et al. Analysis of Road Transportation Energy Consumption Demand in China [J]. Transportation Research Part D: Transport and Environment, 2016, 48: 112 – 124.

[158] Chen Z, Haynes K E. Impact of High Speed Rail on Housing Values: An Observation from the Beijing – Shanghai Line [J]. Journal of Transport Geography,

2015, 43: 91 – 100.

[159] Chen Z. Impacts of High – speed Rail on Domestic Air Transportation in China [J]. Journal of Transport Geography, 2017, 62: 184 – 196.

[160] Chilton D, de Graaff A, Baalbergen E, et al. Reduced Emissions of Transport Aircraft Operations by Fleet Wise Implementation of New Technology [R]. Europe: Fokker Services, 2012.

[161] Clewlow R R L. The Climate Impacts of High – Speed Rail and Air Transportation: A Global Comparative Analysis [D]. Boston, U. S. : MIT, 2012.

[162] Clewlow R R, Sussman J M, Balakrishnan H. The Impact of High – speed Rail and Low – cost Carriers on European Air Passenger Traffic [J]. Transport Policy, 2014, 33: 136 – 143.

[163] Deane J P, Pye S. Europe's Ambition for Biofuels in Aviation—A Strategic Review of Challenges and Opportunities [J]. Energy Strategy Reviews, 2018, 20: 1 – 5.

[164] Diao M. Does Growth Follow the Rail? The Potential Impact of High – speed Rail on the Economic Geography of China [J]. Transportation Research Part A: Policy and Practice, 2018, 113: 279 – 290.

[165] Dickson N. Setting the Scene: Aviation in Sector $CO_2$ Emissions Reductions: Trends and Achievements [R]. ICAO, 2020.

[166] Diederichs G W, Ali Mandegari M, Farzad S, et al. Techno – economic Comparison of Biojet Fuel Production From Lignocellulose, Vegetable Oil and Sugar Cane Juice [J]. Bioresource Technology, 2016, 216: 331 – 339.

[167] Dobruszkes F. High – speed Rail and Air Transport Competition in Western Europe: A Supply – oriented Perspective [J]. Transport Policy, 2011.

[168] Dray L M, Krammer P, Doyme K, et al. AIM 2015: Validation and Initial Results from an Open – source Aviation Systems Model [J]. Transport Policy, 2019, 79: 93 – 102.

[169] Dray L M, Schäfer A W, Al Zayat K. The Global Potential for $CO_2$ Emissions Reduction from Jet Engine Passenger Aircraft [J]. Transportation Research Record: Journal of the Transportation Research Board, 2018, 2672 (23): 40 – 51.

[170] EIA. Annual Energy Outlook 2019 with Projections to 2050 [R]. Washington DC: 2019.

[171] EIA. Short – Term Energy Outlook [R] . Washington DC: 2020.

[172] Ellram L M. Total Cost of Ownership [J] . International Journal of Physical Distribution & Logistics Management, 1995, 25 (8): 4 – 23.

[173] EMBRAER. Embraer March 2016 Book [EB/OL] . [2018 – 09 – 02] . https: //www. slideshare. net/embraerri/embraer – march – 2016 – book – ri.

[174] Eurocontrol. ADA BADA – Base of Aircraft Data [EB/OL] . [2019 – 07 – 04] . https: //www. eurocontrol. int/model/bada.

[175] Europeancommission. Flightpath 2050 Europe's Vision for Aviation [R] . Belgium, 2011.

[176] Flightglobal. Boeing Plays Down Short – term Electric Airliner Viability [EB/OL] . [2019 – 03 – 05] . https: //www. flightglobal. com/engines/boeing – plays – down – short – term – electric – airliner – viability/136528. article#: ~ : text = An% 20all% 2Delectric% 20or% 20hybrid, some% 20point% 20in% 20the% 202030s.

[177] Forencisresearch. Electric Aircraft Market by Type ( Light Jet, Ultra – Light Aircraft) by Technology ( All Electric, Full Hybrid, More Electric Hybrid) by Component ( Electric Motor, Battery) by Region ( North America, Europe, Asia Pacific, Middle East & Africa, South America) – Global Forecast ( 2019 to 2027) [R] . 2019.

[178] Fulton L, Cazzola P, Cuenot F. IEA Mobility Model ( MoMo) and Its Use in the ETP 2008 [J] . Energy Policy, 2009, 37 (10): 3758 – 3768.

[179] Ganev E, Chiang C, Fizer L, et al. Electric Drives for Electric Green Taxiing Systems [J] . SAE International Journal of Aerospace, 2016, 9 (1): 62 – 73.

[180] Gao Y, Song S, Sun J, et al. Does High – speed Rail Connection Really Promote Local Economy? Evidence from China's Yangtze River Delta [J] . Review of Development Economics, 2020, 24 (1): 316 – 338.

[181] Gnadt A R. Technical and Environmental Assessment of All – electric 180 – passenger Commercial Aircraft [D] . Boston: MIT, 2018.

[182] Greening L A, Greene D L, Difiglio C. Energy Efficiency and Consumption—The Rebound Effect—A Survey [J] . Energy Policy, 2000 (28): 398 – 401.

[183] Group W B. China's High Speed Rail Development [R] . Washington, U. S. : 2019.

[184] Gudmundsson S V, Anger A. Global Carbon Dioxide Emissions Scenarios

for Aviation Derived from IPCC Storylines: A Meta – analysis [J]. Transportation Research. Part D, Transport and Environment, 2012, 17 (1): 61 – 65.

[185] Guo R, Zhang Y, Wang Q. Comparison of Emerging Ground Propulsion Systems for Electrified Aircraft Taxi Operations [J]. Transportation Research Part C: Emerging Technologies, 2014, 44: 98 – 109.

[186] GUROBI. GUROBI 新一代数学规划优化系统 [EB/OL]. [20219 – 09 – 09]. http: //www. gurobi. cn/about. asp? id = 1.

[187] Guynn M D, Berton J J, Haller W J, et al. Performance and Environmental Assessment of an Advanced Aircraft with Open Rotor Propulsion [R]. Hampton, Virginia: NASA, 2012.

[188] Hagman J, Ritzén S, Stier J J, et al. Total Cost of Ownership and Its Potential Implications for Battery Electric Vehicle Diffusion [J]. Research in Transportation Business & Management, 2016, 18: 11 – 17.

[189] Hao H, Geng Y, Li W, et al. Energy Consumption and GHG Emissions from China's Freight Transport Sector: Scenarios through 2050 [J]. Energy Policy, 2015, 85: 94 – 101.

[190] Hao H, Geng Y, Ou X. Estimating $CO_2$ Emissions from Water Transportation of Freight in China [J]. International Journal of Shipping and Transport Logistics, 2015, 7 (6): 676 – 694.

[191] Hao H, Liu Z, Zhao F, et al. Scenario Analysis of Energy Consumption and Greenhouse Gas Emissions From China's Passenger Vehicles [J]. Energy, 2015, 91: 151 – 159.

[192] Hao H, Ou X, Du J, et al. China's Electric Vehicle Subsidy Scheme: Rationale and Impacts [J]. Energy Policy, 2014, 73: 722 – 732.

[193] Hao H, Wang H, Ouyang M, et al. Vehicle Survival Patterns in China [J]. Science China Technological Sciences, 2011, 54 (3): 625 – 629.

[194] Hao X, Wang H, Lin Z, et al. Seasonal Effects on Electric Vehicle Energy Consumption and Driving Range: A Case Study on Personal, Taxi, and Ridesharing Vehicles [J]. Journal of Cleaner Production, 2020, 249: 119403.

[195] Hao X, Wang H, Ouyang M. A Novel State – of – charge – based Method for Plug – in Hybrid Vehicle Electric Distance Analysis Validated with Actual Driving Data [J]. Mitigation and Adaptation Strategies for Global Change, 2020, 25 (3):

459 - 475.

[196] Honeywell. EGTS ®绿色电动滑行系统 [EB/OL] . [2017 - 02 - 03] . EGTS?% 20 绿 色 https: //www. honeywell. com. cn/brand – campaigns/2016/air/ transportation/transportation06.

[197] Hospodka J. Cost – benefit Analysis of Electric Taxi Systems for Aircraft [J] . Journal of Air Transport Management, 2014, 39: 81 - 88.

[198] Huo H, Wang M. Modeling Future Vehicle Sales and Stock in China [J] . Energy Policy, 2012, 43: 17 - 29.

[199] Hydrogen Council. Path to Hydrogen Competitveness: A Cost Perspective [R] . Davos, 2020.

[200] ICAO. Advancing Technology Opportunities To Further Reduce $CO_2$ Emissions [R] . Montreal, 2017.

[201] ICAO. ICAO ENVIRONMENT REPORT 2010 [R] . Montreal, Canada, 2011.

[202] ICAO. Manual on Air Traffic Management System Requirements [R] . Montreal, 2008.

[203] ICAO. State Action Plans and Assistance [EB/OL] . [2021 - 01 - 15] . https: //www. icao. int/environmental – protection/Pages/ClimateChange _ Action-Plan. aspx.

[204] ICCT. Fuel Burn of New Commercial Jei Aircraft: 1960 to 2019 [R] . Washington, DC: 2020.

[205] IEA. The Future of Hydrogen [R] . Paris, 2019.

[206] Infrastructure T H C O. The Design Development and Certification of the Boeing 737 MAX [R] . 2020.

[207] IRENA. Green Hydrogen Cost Reduction Scaling Up Electrolysers to Meet the 1. 5 Degree Climate Goal [R] . 2020.

[208] Ismail N W, Mahyideen J M. The Impact of Infrastructure on Trade and E-conomic Growth in Selected Economics in Asia [R] . ADB Institute, 2015.

[209] Jensen L, Hansman R J, Venuti J C, et al. Commercial Airline Speed Optimization Strategies for Reduced Cruise Fuel Consumption [J] . AIAA 2013, 2013: 4289.

[210] Jia R, Shao S, Yang L. High – speed Rail and $CO_2$ Emissions in Urban

China: A Spatial Difference – in – differences Approach ［J］. Energy Economics, 2021, 99: 105271.

［211］Ke X, Chen H, Hong Y, et al. Do China's High – speed – rail Projects Promote Local Economy? —New Evidence From a Panel Data Approach ［J］. China Economic Review, 2017, 44: 203 – 226.

［212］Kieckhäfer K, Quante G, Müller C, et al. Simulation – Based Analysis of the Potential of Alternative Fuels towards Reducing $CO_2$ Emissions from Aviation ［J］. Energies, 2018, 11 (1): 186.

［213］Kishimoto P N, Zhang D, Zhang X, et al. Modeling Regional Transportation Demand in China and the Impacts of a National Carbon Constraint ［R］. Boston: MIT, 2015.

［214］Kousoulidou M, Lonza L. Biofuels in Aviation: Fuel Demand and $CO_2$ Emissions Evolution in Europe toward 2030 ［J］. Transportation Research Part D: Transport and Environment, 2016, 46: 166 – 181.

［215］Krishnamoorthy M. Computing Optimal Schedules for Landing Aircraft ［R］. 1995.

［216］Lang J, Cheng S, Zhou Y, et al. Air Pollutant Emissions from On – road Vehicles in China, 1999 – 2011 ［J］. Science of The Total Environment, 2014, 496: 1 – 10.

［217］Lee J, Yoo K, Song K. A Study on Travelers' Transport Mode Choice Behavior Using the Mixed Logit Model: A Case Study of the Seoul – Jeju route ［J］. Journal of Air Transport Management, 2016, 56: 131 – 137.

［218］Li H, Strauss J, Lu L. The Impact of High – speed Rail on Civil Aviation in China ［J］. Transport Policy, 2019, 74: 187 – 200.

［219］Li Z, Sheng D. Forecasting Passenger Travel Demand for Air and High – speed Rail Integration Service: A Case Study of Beijing – Guangzhou Corridor, China ［J］. Transportation Research Part A: Policy and Practice, 2016, 94: 397 – 410.

［220］Liebeck R H. Design of the Blended Wing Body Subsonic Transport ［J］. Journal of Aircraft, 2004, 41 (1): 10 – 25.

［221］Lin C, Wu T, OU X, et al. Life – cycle Private Costs of Hybrid Electric Vehicles in the Current Chinese Market ［J］. Energy Policy, 2013, 55: 501 – 510.

［222］Lin Y. Travel Costs and Urban Specialization Patterns: Evidence from China's High Speed Railway System [J] . Journal of Urban Economics, 2017, 98: 98 – 123.

[223] Liu F, Zhao F, Liu Z, et al. Can Autonomous Vehicle Reduce Greenhouse Gas Emissions? A Country – level Evaluation [J] . Energy Policy, 2019, 132: 462 – 473.

[224] Liu H, Tian H, Hao Y, et al. Atmospheric Emission Inventory of Multiple Pollutants From Civil Aviation in China: Temporal Trend, Spatial Distribution Characteristics and Emission Features Analysis [J] . Science of The Total Environment, 2019, 648: 871 – 879.

[225] Liu L, Wang K, Wang S, et al. Assessing Energy Consumption, $CO_2$ and Pollutant Emissions and Health Benefits from China's Transport Sector through 2050 [J] . Energy Policy, 2018, 116: 382 – 396.

[226] Liu S, Wan Y, Ha H, et al. Impact of High – speed Rail Network Development on Airport Traffic and Traffic Distribution: Evidence from China and Japan [J] . Transportation Research Part A: Policy and Practice, 2019, 127: 115 – 135.

[227] Liu W, Lund H, Mathiesen B V. Modelling the Transport System in China and Evaluating the Current Strategies towards the Sustainable Transport Development [J] . Energy Policy, 2013, 58: 347 – 357.

[228] Loo B P Y, Li L. Carbon Dioxide Emissions from Passenger Transport in China since 1949: Implications for Developing Sustainable Transport [J] . Energy Policy, 2012, 50: 464 – 476.

[229] Lovegren J A, Hausman R J. Estimation of Potential Aircraft Fuel Burn Reduction in Cruise Via Speed and Altitude Optimization Strategies [R] . Boston: MIT, 2011.

[230] Lu Y, Shao M, Zheng C, et al. Air Pollutant Emissions from Fossil Fuel Consumption in China: Current Status and Future Predictions [J] . Atmospheric Environment, 2020, 231: 117536.

[231] Lutsey N N M. Update on Electric Vehicle Costs in the United States through 2030 [R] . Washington (U. S. ): The International Council on Clean Transportation, 2019.

[232] Löfberg J. Yalmip : A Toolbox for Modeling and Optimization in MATLAB [J] . Proceeding of IEEEInternational Symposium on Computer Aided Control Systems

Design, 2004: 284 – 289.

[233] Lévay P Z, Drossinos Y, Thiel C. The Effect of Fiscal Incentives on Market Penetration of Electric Vehicles: A Pairwise Comparison of Total Cost of Ownership [J]. Energy Policy, 2017, 105: 524 – 533.

[234] Macintosh A, Wallace L. International Aviation Emissions to 2025: Can Emissions be Stabilised without Restricting Demand? [J]. Energy Policy, 2009, 37 (1): 264 – 273.

[235] Mao J. Air vs Rail Competition towards the Beijing – Shanghai High – speed Railway Project in China [J]. Journal of Air Transport Studies, 2010, 1 (2): 42 – 58.

[236] Mao X, Yang S, Liu Q, et al. Achieving $CO_2$ emission reduction and the co – benefits of local air pollution abatement in the transportation sector of China [J]. Environmental Science & Policy, 2012, 21: 1 – 13.

[237] Mccollum D L, Wilson C, Pettifor H, et al. Improving the Behavioral Realism of Global Integrated Assessment Models: An Application to Consumers' Vehicle Choices [J]. Transportation Research Part D: Transport and Environment, 2017, 55: 322 – 342.

[238] Mckinsey. Hydrogen – powered Aviation, A Fact – based Study of Hydrogen Technology, Economics and Climate Impact by 2050 [R]. Belgium, 2020.

[239] Mitropoulos L K, Prevedouros P D, Kopelias P. Total Cost of Ownership and Externalities of Conventional, Hybrid and Electric Vehicle [J]. Transportation Research Procedia, 2017, 24: 267 – 274.

[240] Mouillet V, Nuic A, Casado E, et al. Evaluation of the Applicability of a Modern Aircraft Performance Model to Trajectory Optimization [J]. IEEE, 2018.

[241] Müller C, Kieckhäfer K, Spengler T S. The Influence of Emission Thresholds and Retrofit Options on Airline Fleet Planning: An Optimization Approach [J]. Energy Policy, 2018, 112: 242 – 257.

[242] Nakahara A, Reynolds T, White T, et al. Analysis of a Surface Congestion Management Technique at New York JFK Airport: 11th AIAA Aviation Technology, Integration, and Operations (ATIO) Conference [C]. Virginia Beach, 2011.

[243] Natelson R H, Wang W, Roberts W L, et al. Technoeconomic Analysis of Jet Fuel Production from Hydrolysis, Decarboxylation, and Reforming of Camelina

Oil [J]. Biomass and Bioenergy, 2015, 75: 23 – 34.

[244] Newsum S. Renewable Energy and Hydrogen in Commercial Aviation [R]. Boeing, 2020.

[245] Nikoleris T, Gupta G, Kistler M. Detailed Estimation of Fuel Consumption and Emissions During Aircraft Taxi Operations at Dallas/Fort Worth International Airport [J]. Transportation Research Part D: Transport and Environment, 2011, 16 (4): 302 – 308.

[246] Organization I C A. Aviation Carbon Emission Reductions—Online Stock-taking Preview [R]. Montreal, 2020.

[247] Organization I C A. ICAO Carbon Emissions Calculator Methodology [R]. Montreal, Canada, 2016.

[248] Organization I C A. Mannual on Air Traffic Forecasting [R]. Montreal, Canada, 2006.

[249] Organization I C A. Sustainable Aviation Fuels Guide [R]. Montreal, Canada, 2018.

[250] Organization I C A. ICAO Aircraft Engine Emissions Databank [EB/OL]. [2021 – 04 – 20]. https: //www. easa. europa. eu/domains/environment/icao – aircraft – engine – emissions – databank.

[251] Ou X, Zhang X, Chang S. Scenario Analysis on Alternative Fuel/Vehicle for China's Future Road Transport: Life – cycle Energy Demand and GHG Emissions [J]. Energy Policy, 2010, 38 (8): 3943 – 3956.

[252] Owen B, Lee D S, Lim L. Flying into the Future: Aviation Emissions Scenarios to 2050 [J]. Environmental Science & Technology, 2010, 44 (7): 2255 – 2260.

[253] Pagliara F, Biggiero L. Some Evidence on the Relationship between Social Exclusion and High Speed Rail Systems [J]. HKIE Transactions, 2017, 24 (1): 17 – 23.

[254] Pagoni I, Psaraki – Kalouptsidi V. Calculation of Aircraft Fuel Consumption and $CO_2$ Emissions Based on Path Profile Estimation by Clustering and Registration [J]. Transportation Research Part D: Transport and Environment, 2017, 54: 172 – 190.

[255] Palmer K, Tate J E, Wadud Z, et al. Total Cost of Ownership and Market Share for Hybrid and Electric Vehicles in the UK, US and Japan [J]. Applied Ener-

gy, 2018, 209: 108 – 119.

[256] Pan X, Wang H, Wang L, et al. Decarbonization of China's Transportation Sector: In Light of National Mitigation toward the Paris Agreement Goals [J]. Energy, 2018, 155: 853 – 864.

[257] Park Y, Ha H K. Analysis of the Impact of High – speed Railroad Service on Air Transport Demand [J]. Transportation Research Part E, 2006, 42 (2): 95 – 104.

[258] Partners A. Types of Blended Winglets [EB/OL]. [2021 – 03 – 02]. https: //www. aviationpartners. com/aircraft – winglets/types – blended – winglets/.

[259] Peng T, Ou X, Yuan Z, et al. Development and Application of China Provincial Road Transport Energy Demand and GHG Emissions Analysis Model [J]. Applied Energy, 2018, 222: 313 – 328.

[260] Pereira S E R, Fontes T A, C M. Can Hydrogen or Natural Gas be Alternatives for Aviation: A Life Cycle Assessment [J]. International Journal of Hydrogen Energy, 2014, 39: 13266 – 13275.

[261] Ploetner K O. Operating Cost Estimation for Electric – Powered Transport Aircraft: 2013 Aviation Technology, Integration, and Operations Conference [C]. 2013.

[262] Ren X, Chen Z, Wang F, et al. Impact of High – speed Rail on Social Equity in China: Evidence from a Mode Choice Survey [J]. Transportation Research Part A: Policy and Practice, 2020, 138: 422 – 441.

[263] Reynolds T G, Marais K B, Muller D, et al. Evaluation of Potential Near – Term Operational Changes to Mitigate Environmental Impacts of Aviation: 27th International Congress of the Aeronautical Sciences [C]. 2010.

[264] Reynolds T G. Analysis of Lateral Flight Inefficiency in Global Air Traffic Management: 8th AIAA Aviation Technology, Integration and Operations Conference [C]. Anchorage, Alaska, 2008.

[265] Roboam X, Sareni B, Andrade A D. More Electricity in the Air: Toward Optimized Electrical Networks Embedded in More – Electrical Aircraft [J]. IEEE Industrial Electronics Magazine, 2012, 6 (4): 6 – 17.

[266] Rohr C, Fox J, Daly A, et al. Modelling Long – Distance Travel in the UK: European Transport Conference [C]. 2010.

[267] Román C, Espino R, Martín J C. Competition of High – speed Train with Air Transport: The Case of Madrid – Barcelona [J] . Journal of Air Transport Management, 2007, 13 (5): 277 – 284.

[268] Rosskopf M, Lehner S, Gollnicd V. Economic – environmental Trade – offs in Long – term Airline Fleet Planning [J] . Journal of Air Transport Management, 2014, 34: 109 – 115.

[269] Ruiz – Rúa A, PalacíN R. Towards a Liberalised European High Speed Railway Sector: Analysis and Modelling of Competition Using Game Theory [J] . European Transport Research Review, 2013, 5 (1): 53 – 63.

[270] S B, M T, J H, et al. Opportunities for Hydrogen in Aviation [R] . CSIRO, 2020.

[271] Sato K, Chen Y. Analysis of High – speed Rail and Airline Transport Cooperation in Presence of Non – purchase Option [J] . Journal of Modern Transportation, 2018, 26 (4): 231 – 254.

[272] Sato T. Impact of Japanese High – Speed Rail Extension on Aviation: A Case Study [D] . Boston: MIT, 2019.

[273] Schaefer M. Development of a Forecast Model for Global Air Traffic Emissions [D] . Koln: Deutsches Zentrum für Luft – und Raumfahrt, 2012.

[274] Scheelhaase J, Maertens S, Grimme W, et al. EU ETS versus CORSIA—A Critical Assessment of Two Approaches to Limit Air Transport's $CO_2$ Emissions by Market – based Measures [J] . Journal of Air Transport Management, 2018, 67: 55 – 62.

[275] Schäfer A W, Barrett S R H, Doyme K, et al. Technological, Economic and Environmental Prospects of All – electric Aircraft [J] . Nature Energy, 2019, 4: 160 – 166.

[276] Schäfer A, Evans A D, Reynolds T G, et al. Costs of Mitigating $CO_2$ Emissions from Passenger Aircraft [J] . Nature Climate Change, 2016, 6 (4): 412 – 418.

[277] Shyr O F, Hung M. Intermodal Competition with High Speed Rail – A Game Theory Approach [J] . Journal of Marine Science and Technoloy, 2010, 18 (1): 32 – 40.

[278] Simaiakis I, Khadilkar H, Balakrishnan H, et al. Demonstration of Reduced Airport Congestion through Pushback Rate Control [J] . Transportation Re-

search. Part A, Policy and Practice, 2014, 66: 251 - 267.

[279] Stephens T S, Chen J G A Y, Lin Z, et al. Estimated Bounds and Important Factors for Fuel Use and Consumer Costs of Connected and Automated Vehicles [R] . Argonne National Laboratory, 2016.

[280] Stettler M E J, Koudis G S, Hu S J, et al. The Impact of Single Engine Taxiing on Aircraft Fuel Consumption and Pollutant Emissions [J] . The Aeronautical Journal, 2018, 122 (1258): 1967 - 1984.

[281] Su M, Luan W, Fu X, et al. The Competition Effects of Low - cost Carriers and High - speed Rail on the Chinese Aviation Market [J] . Transport Policy, 2020, 95: 37 - 46.

[282] Sun Y, Jiang Z, Gu J, et al. Analyzing High Speed Rail Passengers′Train Choices Based on New Online Booking Data in China [J] . Transportation Research Part C: Emerging Technologies, 2018, 97: 96 - 113.

[283] Thapa N, Ram S, Kumar S, et al. All Electric Aircraft: A Reality on Its Way [J] . Materials Today: Proceedings, 2021, 43: 175 - 182.

[284] Transportation I C O C. Global Transportation Energy and Climate Roadmap [R] . Washington D C: 2012.

[285] UBS. UBS Evidence Lab Electric Car Teardown - Disruption Ahead? [R] . 2017.

[286] van Velzen A, Annema J A, van de KAA G, et al. Proposing a More Comprehensive Future Total Cost of Ownership Estimation Framework for Electric Vehicles [J] . Energy Policy, 2019, 129: 1034 - 1046.

[287] Van Zante D E. Progress in Open Rotor Research A U. S. Perspective: Proceedigns of ASME Turbo Expo 2015 [C] . Montreal, Canada, 2015.

[288] Vera - Morales M, Graham W, Hall C, et al. Techno - Economic Analysis of Aircraft [R] . Cambridge: University of Cambridge, 2008.

[289] Wadud Z, Mackenzie D, Leiby P. Help or Hindrance? The Travel, Energy and Carbon Impacts of Highly Automated Vehicles [J] . Transportation Research Part A: Policy and Practice, 2016, 86: 1 - 18.

[290] Wan Y, Ha H, Yoshida Y, et al. Airlines' Reaction to High - speed Rail Entries: Empirical Study of the Northeast Asian Market [J] . Transportation Research Part A: Policy and Practice, 2016, 94: 532 - 557.

[291] Wand Z, Lu M. An Empirical Study of Direct Rebound Effect for Road Freight Transport in China [J]. Applied Energy, 2014, 133: 274 – 281.

[292] Wang B, Sullivan A O, Schäfer A. Assessing the Impact of High – Speed Rail on Domestic Aviation $CO_2$ Emissions in China [J]. Transportation Research Record Journal of the Transportation Research Board, 2019, 2673 (3): 862975779.

[293] Wang H, Ou X, Zhang X. Mode, Technology, Energy Consumption, and Resulting $CO_2$ Emissions in China's Transport Sector Up to 2050 [J]. Energy Policy, 2017, 109: 719 – 733.

[294] Wang W, Sun H, Wu J. How Does the Decision of High – speed Rail Operator Affect Social Welfare? Considering Competition between High – speed Rail and Air Transport [J]. Transport Policy, 2020, 88: 1 – 15.

[295] Wang Y F, Li K P, Xu X M, et al. Transport Energy Consumption and Saving in China [J]. Renewable and Sustainable Energy Reviews, 2014, 29: 641 – 655.

[296] Wang Y, Zhou S, Ou X. Development and Application of a Life Cycle Energy Consumption and $CO_2$ Emissions Analysis Model for High – speed Railway Transport in China [J]. Advances in Climate Change Research, 2021, 12 (2): 270 – 280.

[297] Watterson A, Spafford C, Hunter B, et al. To Re – Engine or Not to Re – Engine: That is the Question [R]. Oliver Wyman, 2010.

[298] Wen C, Wang W, Fu C. Latent Class Nested Logit Model for Analyzing High – speed Rail Access Mode Choice [J]. Transportation Research Part E: Logistics and Transportation Review, 2012, 48 (2): 545 – 554.

[299] Wijnterp C, Roling P C, de Wilde W. Electric Taxi Systems: An Operations and Value Estimation [J]. AIAA – 2014, 2014, 3266.

[300] WSDOT. Electric Aircraft Working Group Report [R]. Washington DC: 2019.

[301] Wu G, Inderbitzin A, Bening C. Total Cost of Ownership of Electric Vehicles Compared to Conventional Vehicles: A Probabilistic Analysis and Projection Across Market Segments [J]. Energy Policy, 2015, 80: 196 – 214.

[302] Wu T, Zhao H, Ou X. Vehicle Ownership Analysis Based on GDP per Capita in China: 1963 – 2050 [J]. Sustainability, 2014, 6 (8): 4877 – 4899.

[303] Wu Y, Zhu Q, Zhong L, et al. Energy Consumption in the Transportation Sectors in China and the United States: A Longitudinal Comparative Study [J].

Structural Change and Economic Dynamics, 2019, 51: 349 – 360.

[304] Xu J, Yuan Z, Chang S. Long – term Cost Trajectories for Biofuels in China Projected to 2050 [J] . Energy, 2018, 160: 452 – 465.

[305] Yang H, Burghouwt G, Wang J, et al. The Implications of High – speed Railways on Air Passenger Flows in China [J] . Applied Geography, 2018, 97: 1 – 9.

[306] Yeh S, Mishra G S, Fulton L, et al. Detailed Assessment of Global Transport – energy Models' Structures and Projections [J] . Transportation Research Part D: Transport and Environment, 2017, 55: 294 – 309.

[307] Yilmaz N, Atmanli A. Sustainable Alternative Fuels in Aviation [J] . Energy, 2017, 140: 1378 – 1386.

[308] Yin X, Chen W, Eom J, et al. China's Transportation Energy Consumption and $CO_2$ Emissions from a Global Perspective [J] . Energy Policy, 2015, 82: 233 – 248.

[309] Yu K, Strauss J, Liu S, et al. Effects of Railway Speed on Aviation Demand and $CO_2$ Emissions in China [J] . Transportation Research Part D: Transport and Environment, 2021, 94: 102772.

[310] Zhang H, Chen W, Huang W. TIMES Modelling of Transport Sector in China and USA: Comparisons from a Decarbonization Perspective [J] . Applied Energy, 2016, 162: 1505 – 1514.

[311] Zhang M, Mu H, Li G, et al. Forecasting the Transport Energy Demand Based on PLSR Method in China [J] . Energy, 2009, 34 (9): 1396 – 1400.

[312] Zhang Q, Yang H, Wang Q. Impact of High – speed Rail on China's Big Three Airlines [J] . Transportation Research Part A: Policy and Practice, 2017, 98: 77 – 85.

[313] Zhang X, Bai X, Zhong H. Electric Vehicle Adoption in License Plate – controlled Big Cities: Evidence from Beijing [J] . Journal of Cleaner Production, 2018, 202: 191 – 196.

[314] Zhenhua C, Haynes K E. Chinese Railways in the Era of High – Speed [M] . Beaverton: Ringgold, Inc, 2015.

[315] Zhou W, Wang T, Yu Y, et al. Scenario Analysis of $CO_2$ Emissions from China's Civil Aviation Industry through 2030 [J] . Applied Energy, 2016, 175: 100 – 108.